资深玉石鉴定师教您
如何辨别和田玉的真伪
如何判断和田玉的等级与品种

冯晓燕　沈美冬／著

和田玉辨假

文化发展出版社
Cultural Development Press

北京·

U0275198

图书在版编目（CIP）数据

和田玉辨假/冯晓燕，沈美冬著．— 北京：文化发展
出版社，2017.8（2024.4重印）
ISBN 978-7-5142-1815-2

Ⅰ．①和… Ⅱ．①冯… ②沈… Ⅲ．①玉石－鉴定－和田
地区 Ⅳ．①TS933.21

中国版本图书馆CIP数据核字（2017）第130302号

和田玉辨假

冯晓燕　沈美冬　著

策划编辑：肖贵平

责任编辑：周　蕾　　　　　　　责任校对：郭　平

责任印制：杨　骏　　　　　　　责任设计：侯　铮

封面图片提供：苏　然

出版发行：文化发展出版社（北京市翠微路2号　邮编：100036）

网　　址：www.wenhuafazhan.com

经　　销：全国新华书店

印　　刷：北京博海升彩色印刷有限公司

开　　本：710mm×1000mm　1/16

字　　数：160千字

印　　张：12

版　　次：2017年9月第1版

印　　次：2024年4月第4次印刷

定　　价：88.00元

ＩＳＢＮ：978-7-5142-1815-2

◆ 如有印装质量问题，请与我社印制部联系　电话：010-88275720

序一

PREFACE

　　和田玉在中国已经有七千多年的使用历史了，自其出现以来，便一直深受喜爱和追捧。在中国几千年的历史文明发展进程中，和田玉早已与文化紧密融合在一起，形成了特殊的玉石文化。和田玉文化的玉美学、玉神学以及玉德学这三大文化基因决定了它在中国玉文化史上占据着极其显赫的重要地位。

　　和田玉是以地名命名的天然玉石，考虑到我国传统珠宝业的习惯，这一名称从古代沿用至今并广泛被接受。和田玉有确切对应的天然矿物岩石，在国家标准（GB/T 16552）中被保留下来，但是在国家标准中不具有产地意义。

　　随着和田玉资源的日益枯竭，其购买需求越来越旺盛，和田玉的价格也水涨船高，最近几年更是达到峰值。在暴利的驱使下，越来越多的相似玉石、仿制品

出现在和田玉市场。目前玉石市场上有许多与和田玉很相似的玉石，如蛇纹石、翡翠、透辉石、石英岩、钠长石玉、碳酸盐质玉、水镁石、硅灰石等。这些玉石与和田玉混杂在一起进行销售，肉眼可以达到以假乱真的程度。且随着仿制技术不断提高，越来越多的人工材料可以用来仿制和田玉，例如塑料、玻璃等。这些相似玉石、仿制品的出现不仅使消费者感到迷惑，也给各个检测机构带来了新的困难和挑战。

另外，由于和田玉子料的特殊市场定位，引得不少业内甚至行外的机构或个人把目光集中在和田玉子料的投资上，同时也引发了子料价格的暴涨，在和田玉子料暴利的驱使下，市场上各种仿子料的手段层出不穷，且仿制水平不断在提高。

本书主要从辨假角度出发，深入浅出地剖析和田玉和与和田玉相似的玉石、仿制品的鉴定特征，和田玉的优化处理方法及和田玉的真假子料鉴别。

本书的整体架构是：第一章简单介绍了和田玉的定义及其颜色分类；第二章重点介绍和田玉与相似品的肉眼鉴定及常规仪器检测；第三章主要介绍和田玉与仿制品的区别；第四章主要讲述大型仪器在鉴别和田玉及相似品、仿制品中的作用；第五章主要介绍和田玉的产状、子料的鉴定特征及真假子料的区别；第六章讲述和田玉的优化处理及拼合和田玉的鉴定特征；第七章简单概括市场上主要的和田玉质量评价要素；最后再给大家介绍和田玉辨假过程需要用到的主要仪器设备。

本书能够付诸出版，要感谢国土资源部珠宝玉石首饰管理中心副主任柯捷女士的大力支持；感谢国家珠宝玉石质量监督检验中心北京实验室技术负责人苏隽不惧阻力的坚持；感谢国家珠宝玉石质量监督检验中心张勇、邓谦、张晓玉等同事给予很大的帮助，提出好的意见和建议，并为本书提供相关的资料和部分图片；特别感谢中国工艺美术大师、国家一级美术师袁嘉骐先生，中国玉石雕刻大师、高级工艺美术师皇甫映女士，中国玉石雕刻大师苏然女士，中国工艺美术大师于雪涛、中国玉石雕刻大师陶虎、新疆工艺美术大师丁智会等对本书的支持，致真玉馆为本书提供精美的图片；非常感谢北京正道国际拍卖有限公司为本书提供大量精美的图片。

　　本书的主要内容为作者多年从事珠宝玉石首饰检测及研究工作中所积累的工作经验和研究成果，同时也参考了相关的文献资料。本书共有三百多张图片，绝大部分图片来自作者平时检测及研究过程中的积累及上面所提大师和同事们提供，极少部分来源于网络，因为无法溯源，未经图片所有者授权使用，如果因此给对方带来困扰和麻烦，敬请谅解！

冯晓燕

2016 年 10 月

　　和田玉"辨假"：自然要历数和田玉市场中存在的各种"假"。

　　但说"假"之前，首先要说明：对于所有的珠宝玉石而言，只要依据GB/T
16552《珠宝玉石名称》国家标准的定名规则进行准确充分的定名，就不存在"假"。

　　珠宝玉石，包括天然宝石、天然玉石、天然有机宝石和人工宝石。在珠宝玉
石名称国家标准中规定了各类定名规则和人工优化处理定名规则。

　　也就是说，各类各个品种，各定各的名称：各种人工优化处理按要求明确标
注；各种人造品种、合成品按相关定名规则明确标定出准确的名称。这样的就是
符合标准的商品，而不会出现"假"。

　　各个品种均有各自的市场，各种人工优化处理均用各自的市场价格定价，各

个人工品种均用各自名称、用途和市场价；各归各路，各有各用，"假"就无处可生。

也同样，和田玉若准确地命名、合理地定价，自然也不会生出"假"。现阶段主流市场的和田玉，大多由经营者或由检测机构检测鉴定后进行准确规范定名，多数不存在所谓"假"。可以放心购买，放心消费！

然而，和田玉定名的复杂和多重性，可能使得一般消费者一时摸不着头脑，其价值定义的复杂性，更刺激人们各种作"假"方法手段多种多样，又不准确标注定名或告知，"假"也便成为自古以来一直存在的现象。

和田玉，作为地球上地质作用天然产生的以透闪石、阳起石为主的岩石产物，其自身组成、变化形成了丰富的颜色品种，在中国产生众多约定俗成的各种颜色分类名称，如白玉、青白玉、青玉、黄玉、碧玉、糖玉、墨玉等；而随各系列颜色组合和变化，形成系列的组合演变的名称，诸如糖白玉、翠青玉等。市场中最多出现的是各种颜色的名称，有时让普通消费者以为是不同的玉石品种。

和田玉，因产地分布不同，而产生诸如新疆料（和田料、若羌料……）、青海料、俄料、韩料等，且不同产地价格差距较大，又出现一层以产地而命名的名称。

再加上因产出的产状（环境）不同，形成诸如子料、山料、山流水、戈壁料等。"子料"的价格定位，更是让收藏爱好者趋之若鹜，几近疯狂。

这诸多层面的各种称呼和价格差距，一度让普通消费者摸不着头脑，甚至望而却步。因此，对和田玉而言，统一名称、统一分类、统一品质分级评价成为和田玉品种普及和市场发展的首要任务，需要倡导尽早抛却产地、产状的定价概念，而统一以玉质论价。

和田玉因与之相似品众多，而产生了相似程度不同的"假"；因诸如玻璃料器、塑料等人工材料，可人工产出不同效果玉质感觉的"假"；也因产地不同、产状不同、颜色不同而产生同一品种不同的称谓，不同的市场定价，不同的喜好，特别是因子料、山流水、山料等产状不同而产生的市场定价明显不同的传统规则，使得人们对和田玉产生了一系列改变外观，使其看上去像子料的各种做法（人工优化处理方法），使得和田玉比一般的品种有着更多诸如子料、皮色等特殊"假"。

无论是在产地源头、综合集散地，还是在各种零售市场，和田玉品种不同程度地存在这些"假"现象。即定名不准确、不规范、不完全等诸多现象。这不仅体现出复杂的品种、复杂的市场，同时也体现出复杂的价值理念、复杂的人性、复杂的故事。

对检测机构而言则是复杂的检测需求、复杂的设备和方法，需要丰富复杂的珠宝知识和经验来面对。在多年的实验室检测、标准研制、产地市场考察调研、客户委托咨询等活动经历中，笔者遇见不少和田玉购买、收藏、投资过程中存在的各种"假"的问题，听到各种曲折的经历故事，估计不同程度的经济损失……每每为此感到遗憾和心痛，也留下各种告诫和警示。

和田玉存在着各种各样的"假"，历来考验着经营者和购买者的信心，同时考验着各个经手者的辨假水平。在此，笔者收集实验室所遇现象，结合市场中遇到的一些情况，集结成册，以飨读者。希望能借检测一方之力，普及和田玉的基本知识，列举各种"假"现象，以助读者识假、辨假！

沈美冬

2017 年 4 月 27 日

目录 CONTENTS

Chapter 3

和田玉与仿制品的鉴别 /84

Chapter 1

和田玉概述

　　国家标准中把以透闪石、阳起石为主的玉石定名为和田玉。和田玉的产地主要包括我国的新疆、青海、辽宁，及俄罗斯、韩国等地。本书中所指的和田玉是指广义的和田玉，不具有产地意义。

和田玉红皮子料

什么是和田玉？

　　和田玉，又称软玉，主要是由透闪石、阳起石组成的具有毛毡状等纤维交织结构的矿物集合体，化学式为 $Ca_2(Mg,Fe)_5Si_8O_{22}(OH)_2$。

　　和田玉的产地主要包括我国的新疆、青海、辽宁，及俄罗斯、韩国等地。国家标准中，把以透闪石、阳起石为主的具有一定结构的玉石命名为和田玉。本书中所指的和田玉也是指广义的和田玉，不具有产地意义。

和田玉的颜色品种

　　和田玉的品种与颜色有关，各有特色，这也是与其他相似玉石区别的重要特点。

　　在宝石学上，和田玉按照颜色主要可以分为八个种类，即白玉、青白玉、青玉、碧玉、糖玉、墨玉、青花玉和黄玉。

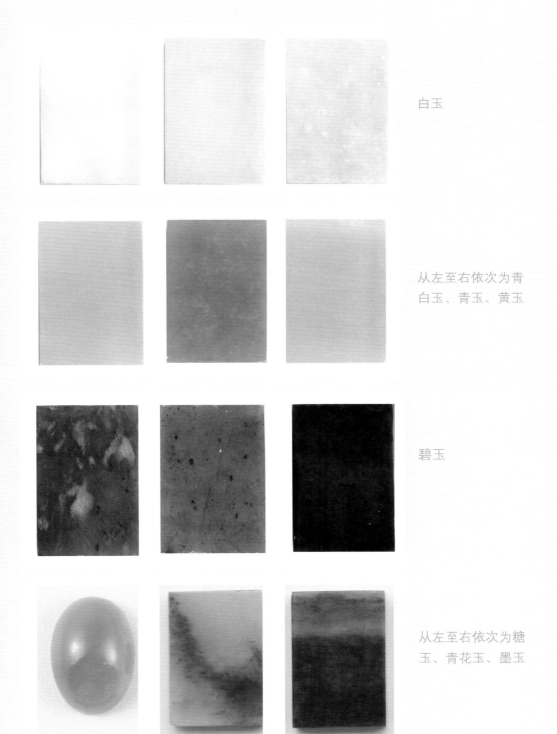

白玉

从左至右依次为青白玉、青玉、黄玉

碧玉

从左至右依次为糖玉、青花玉、墨玉

☀ 白色系列——白玉

白玉是指原生色为白色的和田玉，以新疆和田产的羊脂白玉为最佳品种，颜色优白，质地细腻，光泽柔和，微透明，犹如处于冷凝状态的羊油，给人一种润润的、滑滑的细腻感觉。

白玉

青白玉

青玉

☀ 青色系列 ——青玉、青白玉

原生色为青色的和田玉有青玉和青白玉，都是由于组成和田玉的透闪石矿物中微量元素含量变化而引起的颜色变化。青玉、青白玉主要是由铁（Fe）元素致色，铁（Fe）元素的含量越高，和田玉的颜色就越青。我们一般根据肉眼判断，将和田玉中的青色系列分为青玉和青白玉。

深绿色的和田玉（黑青玉）

☀ 绿色系列 ——碧玉、翠青玉

　　原生色为绿色的和田玉有碧玉、翠青玉等。当和田玉中除了含有 Fe 元素致色以外，还含有一定量的铬（Cr）、镍（Ni）元素时，和田玉的颜色就变成了比青玉更鲜艳的翠绿色，也就是我们所说的碧玉。翠青玉主要产于青海，一般是指在白玉、青白玉的底子上分布着浅绿色、翠绿色条带的和田玉，似春天枝头的嫩芽，给人以生机盎然、蓬勃向上的感觉。

碧玉

翠青玉

深绿色的和田玉（黑碧玉）

墨玉

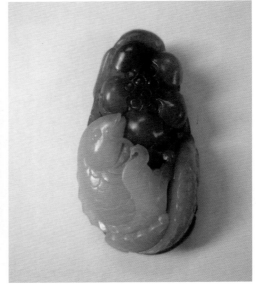

青花玉

☀ 黑色系列 ——墨玉、青花玉

　　原生色为黑色的和田玉有丰富的品种，如最常见的墨玉，非常漂亮的青花玉。

　　墨玉是含有大量石墨成分的和田玉，因石墨是黑色的，所以玉石整体表现为黑色。青花玉是指在青白玉、白玉的基底上含有少量的石墨呈现黑白相间颜色的和田玉。

青花玉雕件——享福
雕刻大师：于雪涛
图片提供：致真玉馆

糖白玉   糖玉

◉ 红色系列——糖玉、糖白玉、糖青玉等

糖玉、糖白玉、糖青玉的颜色主要有褐黄色、褐红色、红色等。在和田玉形成之后，由于其矿体表面覆盖有含铁（Fe）的矿物质，在特殊的物理化学条件下，这些铁矿物进入了和田玉内部，并且沉积在了透闪石的颗粒之间，在宏观上的表现，就是和田玉变成了褐红色，我们称这种沁入了铁矿物而变色的和田玉为糖玉。由于铁矿物是从玉石外部渗入的，所以在一般情况下，铁矿物不会把整个玉石矿体都沁染成红色，而是沁染矿体表面一定厚度的玉石。如果铁矿物进入的是白玉矿体，那么就会形成糖白玉，如果铁矿物进入的是青玉矿体，那么就形成糖青玉。

☀ 黄色系列——黄玉

黄玉的颜色主要有浅黄色、黄色、深黄色、绿黄色等。黄玉的成因目前没有统一的论证，还有待于进一步研究。黄玉产量非常稀少，不易获得。

黄绿色黄玉

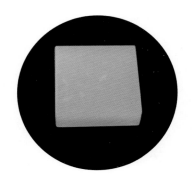

黄色黄玉

和田玉的鉴定特征

和田玉的鉴定主要是肉眼鉴定和常规仪器鉴定。鉴定一块玉石是否为和田玉时，首先主要从颜色、光泽、透明度、结构等几个方面入手，然后还可以再借助常规仪器测试它的其他宝石学性质，如折射率、比重等来确定品种。

☀ 颜色

通过前面的描述，我们已经了解和田玉主要有白、青白、青、绿、黄、褐黄、黑等颜色。颜色品种在鉴定和田玉时有很重要的参考意义。有些颜色只有在和田玉中出现，其他玉石品种目前没有发现。

☀ 光泽

众所周知，和田玉最典型的光泽就是具有温润的油脂光泽、蜡状光泽。一般形容好的和田玉，经常用到的形容词就是温润细腻，有油性或者说油性很大。油性即是指油脂光泽。在没有抛光或轻微抛光的和田玉原料和子料上可以明显看到和田玉的油脂光泽、蜡状光泽，温润而柔和。但经过良好抛光后平滑的玉石表面会失去原有温润的油脂、蜡状光泽的感觉，变成玻璃光泽。

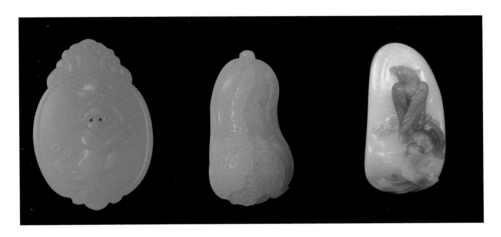

和田玉的油脂光泽、蜡状光泽

抛光良好的和田玉具有玻璃光泽

◉ 透明度

和田玉常见的透明度主要是呈半透明－微透明，感觉要透不透，朦朦胧胧。

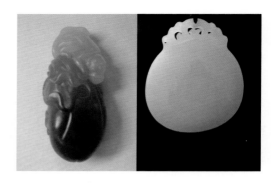

半透明的和田玉

◉ 结构

和田玉的矿物颗粒非常细小，一般肉眼无法观察到它的颗粒，其结构像毛毡一样密密麻麻地交织在一起而形成毛毡状结构（纤维交织结构）。和田玉结构中的一种特例就是水线，水线主要是由颗粒较粗的透闪石矿物定向排列而成的。

微透明的和田玉

和田玉的结构细腻，致密，有粗有细，上边和田玉的结构非常细，肉眼及低倍显微镜下很难观察到其结构，下边和田玉的结构稍粗，隐约能观察到玉石的纤维交织结构。

☀ 杂质矿物

　　和田玉中杂质矿物的种类、颜色及分布也有自己的特点。杂质矿物种类主要有碳酸盐、绿泥石、透辉石、石英、长石、蛇纹石、滑石、铬铁矿、磁黄铁矿、褐铁矿、石墨等，以白色、黑色、黄色、绿色等各种颜色的斑点、水线、条带等形式存在于玉石中。

白玉中可见明显的几条近似平行的水线和大小不等的小白点

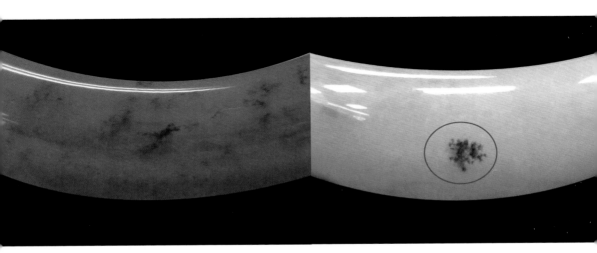

青白玉、青玉中呈水草状分布的褐黄色矿物

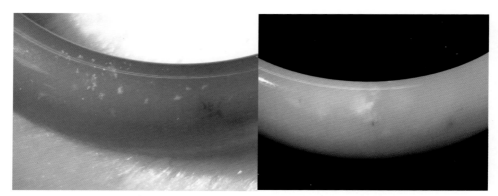

青玉、白玉中呈斑点状的白色、褐色杂质矿物

碧玉中经常存在数量不等的黑色矿物

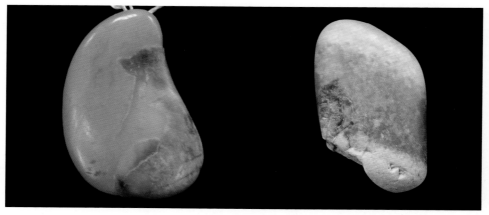

在和田玉中以碴石的形式存在的矿物（大部分主要是辉石矿物）

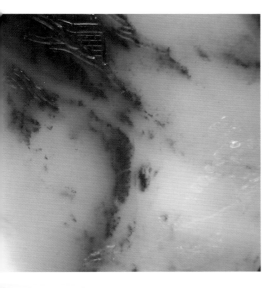

玉石中大量的黑色矿物（石墨），
黑色矿物对玉石的颜色影响很大

碧玉错金壶
作者：丁智会（新疆工艺美术大师）
图片提供：致真玉馆

Chapter 2

和田玉与相似天然玉石的鉴别

　　和田玉与很多玉石在外观上，如颜色、结构、光泽等都非常相似。因此在鉴定和田玉时，遇到最大的困难是如何把和田玉与其他相似的玉石区分开来。没有一定鉴定经验的人在这时候往往会不知所措。本章介绍了和田玉与相似天然玉石的肉眼鉴别和常规仪器鉴别，读完本章，读者即可掌握一定的鉴定技巧。

碧玉花瓶摆件

  下面我们可以由浅入深地了解和田玉及其相似品的一些特性，从而掌握简单的鉴定方法，再遇到一些特征明显的玉石，就能很快区分出来的。

　　和田玉及相似玉石、仿制品其实在本质上存在很大的差异，不仅化学成分（物质组成）有很大差异，它们的宝石学性质也有明显的不同。

　　玉石的颜色是丰富多彩的，不同的玉石品种颜色不同，即使同一玉石品种颜色也有各种变化。主要是因为它们含有不同的致色元素（或矿物）或多种致色元素组合，它们的含量及其组合也有所不同，因此形成不同的颜色和色调。

　　玉石都是由很多矿物颗粒组成的集合体，且由于矿物颗粒的大小及其排列的方式，影响着玉石的结构，因此不同的玉石都具有自己特有的结构，即使是同一矿物组成的玉石的结构也会有一定的差别。玉石的结构在一定程度上影响着透明度。

　　因此我们可以通过玉石的颜色、光泽、结构、透明度、比重、硬度、折射率等宝石学特征来进行区分，其中颜色、光泽、透明度、结构在鉴定中占有非常重要的地位。只要掌握了它们的这些差异，我们就可以简单、快速地区分它们。一般情况下，有明显特征的玉石用肉眼很容易鉴别，例如有明显的结构、透明度、特有的颜色、光泽等。

　　和田玉与相似玉石的鉴别，根据难易程度，可以分为几个级别：第一级是不借助仪器，只通过肉眼鉴定就可以区分的；第二级是肉眼鉴定有困难，借助简单的常规仪器可以鉴定的，但往往我们在鉴定过程中会以第一级和第二级相结合来增加准确率；第三级必须借助红外光谱仪等大型仪器才能区分。

和田玉与翡翠的鉴别

❋ 认识翡翠

翡翠（Jadeite）主要是硬玉或由硬玉及绿辉石、钠铬辉石矿物集合体组成的玉石。

下面我们主要从翡翠的颜色、透明度和结构三个维度来了解翡翠的一些特性。

白色系列的翡翠

翡翠的颜色

　　翡翠的颜色非常丰富，可以大致分为白、绿、红、黄、紫、黑等各种颜色及其组合色。黄色和红色翡翠都称为"翡"，即"黄翡""红翡"，绿色为"翠"，紫色翡翠也叫紫罗兰，行家称之为"春"。紫色也有很多色调，常见的有偏粉和偏蓝色调。

　　翡翠在很多情况下，是由两种以上的颜色组合在一起的，例如，紫色和绿色组合的，称为"春带彩"，绿色、黄色、紫色组合的称为"福禄寿"。

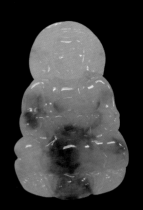

浅绿、深绿色组合（飘花）的翡翠

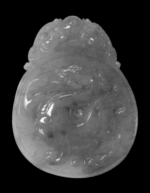

绿色系列的翡翠（绿色呈丝状、条带状、团块状分布）

墨绿色系列的翡翠（反射光一般不透明）

紫色系列的翡翠（粉紫色、蓝紫色，多与其他颜色组合）

红色、黄色系列的翡翠　　　　　　　黑色系列的翡翠

翡翠手镯

翡翠的透明度

翡翠的透明度在商业中又称之为"水头"，结构的粗细、质地又称之为"地子"。翡翠行业上有个术语叫"种水"，它其实就是翡翠的质地和透明度。

翡翠按种水的差异一般分为：玻璃种、冰种、糯化种、豆种、干青种、冬瓜地、瓷地，等等。

翡翠的透明度可以从达到玻璃的全透明和冰一样的亚透明到瓷地的完全不透明。和田玉的透明度多为微透明－不透明，一般没有翡翠高，很难达到翡翠的透明、亚透明、半透明，因此，具有前面三种透明度的玉石，一般不是和田玉。

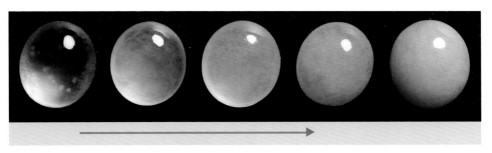

从左到右，透明度依次为透明（玻璃种）、亚透明（冰种）、半透明（糯化种）、微透明（冬瓜地）、不透明（瓷地）

一般在翡翠分级中，主要是根据翡翠的透明度分为五级，即透明（玻璃种）、亚透明（冰种）、半透明（糯化种）、微透明（冬瓜地）、不透明（瓷地）。

翡翠的结构

和田玉为毛毡状结构，粒度较小，一般呈微晶－隐晶质，而翡翠多为纤维状、粒状、柱状结构，颗粒一般较大，呈微晶－柱粒状。

翡翠的结构

☀ 和田玉与翡翠的肉眼鉴别

我们可以从比较直观的颜色、透明度、结构等这几个方面入手简单判别和田玉与翡翠。

从颜色上区别

首先可以从颜色进行区别，因为和田玉与翡翠的颜色在色调、明暗程度、分布情况上都有各自的特点，是很容易区分的。和田玉的青白色、青色、碧绿色，在玉石的分布中都是比较均匀的。翡翠的颜色是白色、明亮绿色、紫色及各种组合色。与和田玉相似的翡翠颜色主要有白色、绿色、黑色等。和田玉的颜色分布一般相对均匀，翡翠的绿色一般会呈多种形态分布于基底中，比如丝状、条带状、团块状等分布。

白色

白玉与白色的透明度不高的翡翠在肉眼上是比较难于鉴别的，但是相对来说，不透明的白色翡翠结构较粗，颗粒感明显，肉眼常可见粒状、纤维状的矿物颗粒。

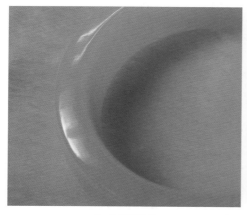

白色和田玉

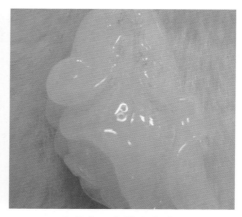

透明度不高的白色翡翠

和田玉

透明度高的翡翠（翡翠的颗粒越细，透明度
越高）

但是如果翡翠的颗粒极细，透明度很高的话，其实用肉眼一下子就可以与白玉区分了。

绿色

和田碧玉的颜色主要是较暗的深绿色，颜色分布比较均匀，经常有一些黑色、褐色的杂质矿物。翠青玉的颜色与绿色翡翠相似，但是一般绿色只少量分布于白玉、青白玉中，品种产量较少。而绿色的翡翠从浅绿到翠绿色，颜色一般都比较鲜艳，且多呈条带状、丝状、团块状分布。绿色翡翠很少看到黑色、褐色的杂质，

和田碧玉

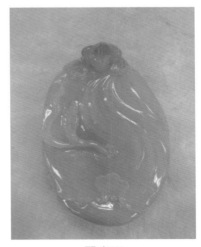

翠青玉

绿色和田玉，打光处明显可见黑色斑点

绿色翡翠，颜色通常较为鲜艳

而是经常见到白色斑点或絮状物。

深绿色

深绿色的和田玉主要是碧玉、青玉，翡翠主要是墨翠或油青种翡翠。和田玉一般打透射光不透明，只在边缘能看到一些带黄色调的深绿色。墨翠一般都相对透明，在透射光下可见较透明的墨绿色。

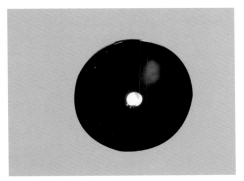

深绿色和田玉　　　　　　　　　墨翠（墨翠在透射光下明显透明）

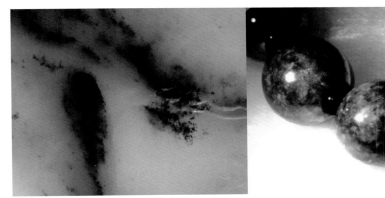

黑色和田玉、翡翠的颜色主要是由于含有大量石墨矿物造成的，局部放大玉石可见石墨矿物在玉石中的分布，和田玉的玉质比较细腻，没有颗粒感，而翡翠的颗粒较粗，放大可明显看到颗粒

黑色

黑色的和田玉主要是墨玉、青花玉，黑色是由石墨组成，翡翠也有黑色系列，也是由石墨等黑色矿物影响其颜色。肉眼观察，二者外观非常相似，但是打光看，和田玉的结构细腻，没有颗粒感，石墨基本均匀分布于玉石中。黑色翡翠打光明显可见颗粒感，石墨主要分布于颗粒之间。而且翡翠的光泽明显强于和田玉。

紫色

和田玉的紫色呈烟紫色、灰紫色，颜色分布比较均匀，翡翠的紫色主要呈粉紫色、蓝紫色等，颜色往往分布不均匀，可以与白色、绿色共存。

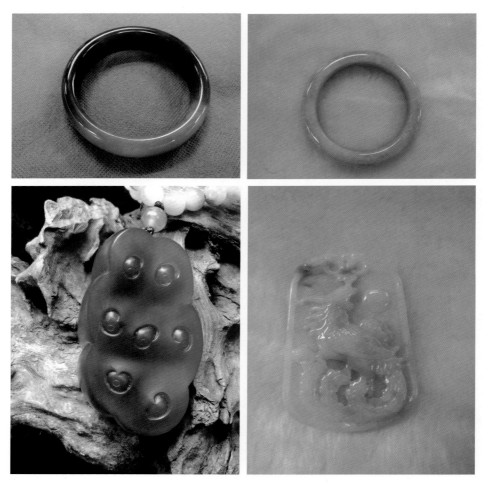

左列为紫色和田玉，右列为紫色翡翠，和田玉的紫色呈烟紫色、灰紫色，颜色分布比较均匀，翡翠的紫色主要呈粉紫色、蓝紫色等，颜色往往分布不均匀，可以与白色、绿色共存

黄色、红色

　　黄色和田玉由于结构细腻，所以颜色整体均匀，黄色翡翠的颜色由于翡翠的颗粒较粗，所以黄色经常是沿着翡翠的颗粒及裂隙的边界分布。

左为和田玉，右为翡翠，和田玉的颜色分布均匀，翡翠的颜色分布不够均匀，不同地方颜色深浅不一

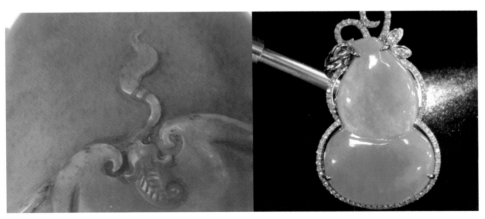

放大或透光观察，和田玉（左）的颜色主要分布相对较均匀，颜色较深的褐黄色沿小裂隙呈短细丝状分布。翡翠（右）的颜色主要沿着颗粒边界及裂隙分布

和田玉吊坠——手握江山

作者：于雪涛（中国工艺美术大师）

图片提供：致真玉馆

组合色

和田玉常见的颜色基本是单一色，除了糖白玉、糖青玉、翠青玉、青花玉等品种，其他即使是有多种颜色存在，更多的也是形成杂色，不像翡翠经常可见多种颜色组合在一起，形成具有意义的组合，如绿色、黄色、紫色组成的"福禄寿"，紫色带有绿色的"春带彩"等。

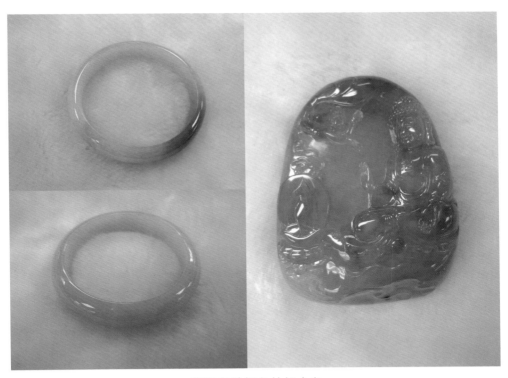

翡翠各种颜色的组合色

从透明度上区别

翡翠不同的透明度即从透明到不透明都是非常常见的，而和田玉透明度非常高的很少见，透明、亚透明的和田玉几乎没有见过。

玻璃种是翡翠中透明度最好的等级，也称为水头最好，质地纯净细腻，杂质少，裂纹、白棉、石纹少。给人的整体感觉就像玻璃一样清澈透明，属于高档翡翠。和田玉没有这样的透明度。

玻璃种翡翠

冰种质地与玻璃种有相似之处，无色或少色。冰种的特征是外层表面上光泽很好，介于半透明至透明之间，清凉似冰，给人以冰清玉莹的感觉。和田玉没有这样的透明度。

冰种质地翡翠

糯化种翡翠是继玻璃种和冰种之后的另一个类别，主要特点就是透明度比冰种略低，给人的感觉就像是混浊的糯米汤一样，属于半透明范畴。

翡翠最为常见的是豆种，透明度差，晶体颗粒较大，多呈短柱状，像粒粒豆子排列于翡翠内部，凭肉眼便可明显看出这些晶体的分界面。

糯化种翡翠

豆种翡翠

从结构上区别

透明度高的翡翠肉眼是比较不容易看到结构的，但往往可见一些絮状物或白点；颗粒粗的翡翠明显可见矿物的粒状、柱状结构，结构相对较均匀，也有的局部较细或较粗。和田玉的结构基本上都比较均匀，有些局部可见透明度较高的水线。

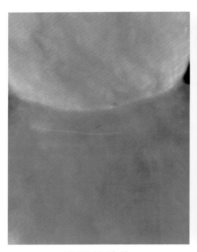

翡翠的结构

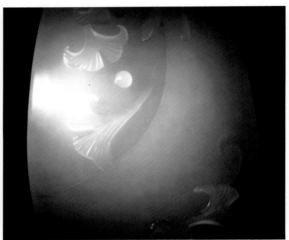

和田玉的结构

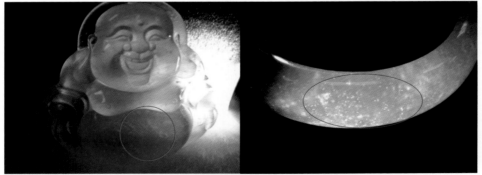

透明度高的翡翠中经常可见许多絮状物和白点

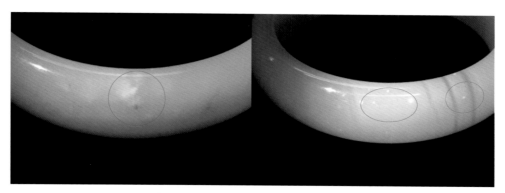

和田玉中的水线及白点等其他杂质

其他鉴别方法

比重（掂重量）

一般情况下，翡翠的比重比和田玉大，因此翡翠的上手要比和田玉显得沉重些。

光泽

和田玉多为油脂－蜡状光泽，翡翠多为玻璃光泽至油脂光泽。但目前成品的玉石抛光到位的话，都能达到玻璃光泽，所以很难单纯依靠光泽进行区分。

杂质矿物

翡翠的杂质矿物主要是深色的角闪石、浅色的钠长石及其他辉石族矿物等。

翠性

翡翠的翠性，俗称"苍蝇翅"，是翡翠的特有标志。是指组成翡翠的矿物晶面及解理面在翡翠表面的片状闪光，即出现犹如苍蝇翅膀的亮白色反光的特征。翡翠的矿物颗粒越粗大时，翠性越明显。和田玉一般没有翠性。

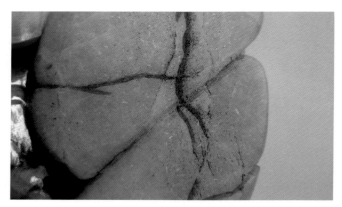

翡翠的翠性（白色的柱状颗粒）

和田玉白玉洒金皮料雕刻玉兰花挂件

图片提供：珠宝小百科董海洋

上面是为了让大家有更好的认识，所以分开从颜色、透明度、结构等几个方面入手，其实最终我们对玉石的判断主要还是根据颜色、透明度、结构等一起综合考虑，结果会更准确。

☀ 常规仪器鉴别

对于一些外观非常相似的和田玉和翡翠，肉眼很难区分开的和田玉和翡翠，必须借助简单的常规仪器了。（常规仪器的介绍详见附录，此处列出两者的测量数据，方便进行比较，后同。）

折射率	翡翠的折射率为 1.66 左右，和田玉为 1.60 ～ 1.61，翡翠的折射率明显高于和田玉。
比重	翡翠为 3.34 左右，其比重随着 Fe、Cr 等元素含量的增加而升高，比和田玉（和田玉为 2.95 左右）的比重要高。
吸收光谱	翡翠在蓝区有一条黑线，如果是绿色翡翠，红区还可见几条细细的黑线；和田玉没有特征的吸收光谱。
硬度	利用硬度笔或小刀，无法区分和田玉与翡翠，因为它们的硬度基本在同一范围内，为 6 ～ 7。

和田子玉吊坠

青玉金蟾摆件（青绿色）

和田玉与蛇纹石玉的鉴别

✪ 认识蛇纹石玉

　　蛇纹石玉的主要组成矿物是蛇纹石（Serpentine），化学分子式为
$(Mg,Fe,Ni)_3Si_2O_5(OH)_4$，是一种含水的富镁硅酸盐矿物的总称，主要包括叶蛇纹
石、利蛇纹石、纤蛇纹石等。次要矿物有方解石、滑石、白云石、绿泥石等。次
要矿物的含量变化很大。蛇纹石玉是细腻的致密块体，其组成矿物一般十分细小，
肉眼鉴定时很难分辨其颗粒。蛇纹石的颜色一般常为带黄色调的绿色，也有浅灰
色、白色或黄色等。因为它们往往是青绿相间像蛇皮一样，故此得名。

◉ 和田玉与蛇纹石玉的肉眼鉴别

颜色

蛇纹石玉的颜色主要有绿－黄绿色、黄色、白色、黑色等，与和田玉的颜色都非常相似。蛇纹石玉具有独特的带黄的绿色，但也有白、黄、黑绿等色。

结构

蛇纹石玉为纤维状结构，质地细腻，手摸具滑感，肉眼或在10倍放大镜下观察，常见白色棉绺。

光泽

和田玉多为油脂－蜡状光泽，蛇纹石玉一般呈蜡状光泽至玻璃光泽。

透明度

蛇纹石玉一般呈半透明－微透明状，总体上透明度较和田玉更高。

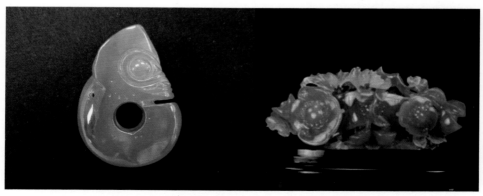

绿色、黄绿色蛇纹石玉，半透明，杂质很少

杂质矿物

蛇纹石中的杂质矿物一般为黑色、白色、褐色矿物（透闪石、滑石、菱镁矿和白云石、绿泥石等）。

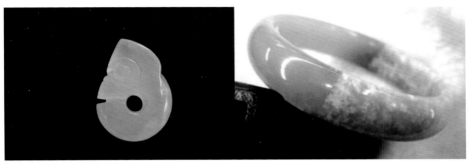

白色带黄色调的蛇纹石玉、黄绿色蛇纹石玉伴有黄、白、黑等色

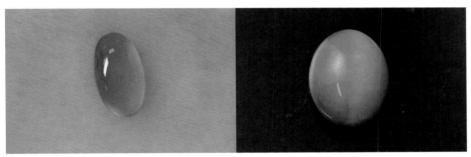

黄色蛇纹石玉，质地细腻，两件样品的透明度明显不同

颜色为草绿色、暗绿色、碧绿色、墨黑色等含有黑色斑点或黑色、黑黄色团块、条纹的致密块状蛇纹石玉，玉质细腻，半透明，油脂光泽

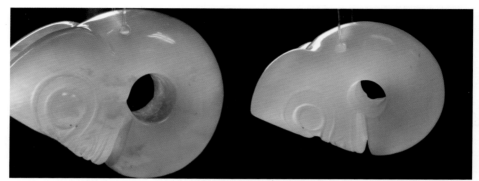

蛇纹石玉结构细腻、半透明，有黑色、白色、褐色杂质矿物

黄色蛇纹石玉手链，半透明至微透明，局部放大可见玉石内部有许多白色点状、斑状、絮状矿物

　　以上是蛇纹石玉典型的颜色、透明度及结构，肉眼很容易与和田玉区分开来，但是也有以下的这样的样品，很难单纯通过肉眼来区别它们，但通过简单的仪器测试折射率、比重等，还是很容易区别的。

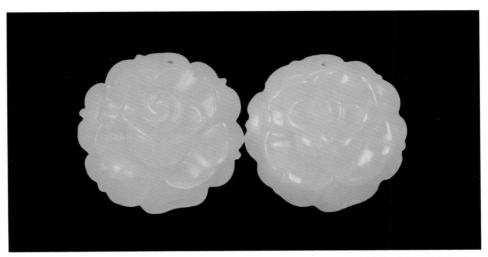

左为和田玉，右为蛇纹石玉。和田玉为油脂光泽，蛇纹石玉为蜡状光泽，掂比重，
蛇纹石稍轻，和田玉较为厚重

☀ 常规仪器鉴别

折射率	蛇纹石玉的折射率为 1.56 ~ 1.57，明显比和田玉的折射率要低。
比重	蛇纹石玉为 2.57 左右，比和田玉低。
硬度	蛇纹石玉为 2.5 ~ 6，小刀可刻划，微损，对于雕刻好的玉石来说一般很少用到此种方法，多针对于玉石原石，有时是非常有效的鉴定方法。

和田碧玉串珠

图片提供：珠宝小百科董海洋

和田玉与钠长石玉的鉴别

❋ 认识钠长石玉

钠长石玉（Albite Jade），化学分子式为 $NaAlSi_3O_8$，又称水沫子，是与缅甸翡翠伴生（共生）的一种玉石。钠长石玉的矿物成分以钠长石为主，次要矿物是少量的硬玉、绿辉石、透辉石、碱性角闪石和阳起石。钠长石玉的最大特征是透明度好，透明到半透明，相当于翡翠的冰地到藕粉地。但绿色不鲜艳、不均匀，只是呈草丛状、丝状、青苔状的蓝绿或墨绿色，少见翠绿，故也被形象地称为飘兰花。其光泽为蜡状到玻璃光泽，可有橘皮效应现象。

☀ 和田玉与钠长石玉的肉眼鉴别

颜色

钠长石玉颜色主要为灰白、灰绿、黄等，与和田玉相似的钠长石玉颜色主要有白色、绿色等。

结构

和田玉为毛毡状结构，钠长石主要为纤维状、粒状结构。

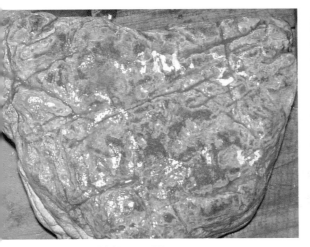

钠长石玉原石

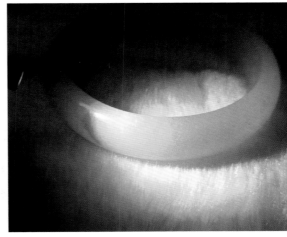

钠长石玉的粒状结构，打强光明显可见颗粒感

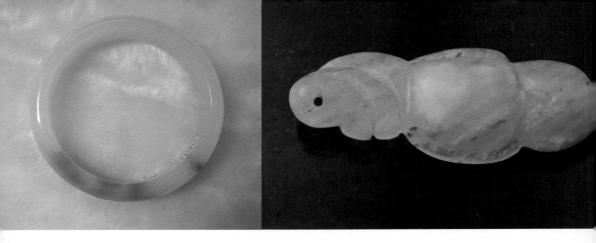

钠长石玉，透明度好，透明到半透明，但绿色一般为蓝绿或墨绿色，不均匀分布，呈草丛状、丝状、青苔状

光泽

和田玉多为油脂－蜡状光泽，钠长石玉为玻璃光泽－油脂光泽。

透明度

钠长石玉透明度较高，一般比和田玉透明。

❋ 常规仪器鉴别

折射率	钠长石的折射率为 1.52～1.54，明显低于和田玉。
比重	钠长石为 2.60～2.63，明显低于和田玉。
硬度	钠长石为 6，利用硬度很难区分钠长石与和田玉。

和田玉双面凸雕莲花吊坠

图片提供：珠宝小百科董海洋

和田玉与石英岩的鉴别

☀ 认识石英岩

石英岩 (Quartzite)，化学分子式为 SiO_2。石英岩是由粒状石英集合体组成的致密块体，石英含量在 90% 以上。除主要成分为石英外，还常含有长石、铬云母、绢云母、锂云母、赤铁矿、蓝闪石、辉石等矿物。主要矿物是石英，不含或其他矿物含量很少时，石英岩多为白色。含其他矿物时，依所含矿物的种类、多少，可呈现绿、翠绿、蓝绿、蓝紫、淡紫等颜色。石英岩一般为块状构造，粒状变晶结构。

☀ 和田玉与石英岩的肉眼鉴别

颜色

石英岩的颜色主要为白色、绿色、黄色等，这些颜色都与和田玉相似。

白色不透明的石英岩玉的颜色是纯白色，白颜色中没有一丝其他的色调，白得很干净。和田玉的白色不是单纯的洁白，而是与其他的色调统一融合而成的颜色，有青白、粉白、灰白、黄白，等等，而且和田玉的颜色会带给人一种很厚重缜密的感觉。

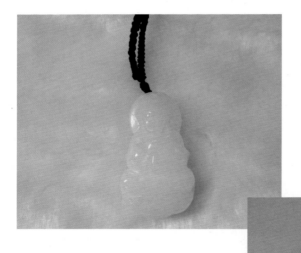

白色不透明的石英岩玉

石英岩玉手镯

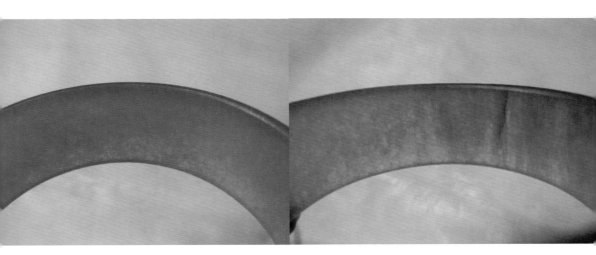

染成黄色、紫色的石英岩，由于染料分布于玉石的粒隙间，使得丝网交错的粒状结构更加明显

结　构

和田玉为毛毡状结构，石英岩的结构主要为粒状结构。

不同颜色，结构较粗、不透明的石英岩，肉眼或放大镜下明显可见颗粒的边界

光泽

和田玉多为油脂－蜡状光泽，石英岩多为玻璃光泽至油脂光泽。

透明度

透明度较高，一般情况下石英岩透明度高于和田玉。

石英岩玉的颜色和透明度也是多种多样的，有的石英岩给人一种煞白的感觉，犹如白雪一样，洁净得没有一点灰色调，而且不透明。有的石英岩是透亮的白色，白色中泛着一些灰色调、绿色调，透明度相对较高，给人以冰种翡翠的感觉。

透明度较高（半透明）的石英岩

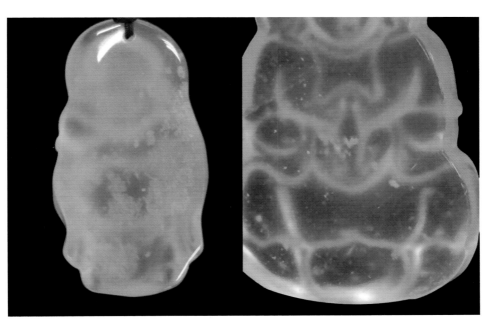

透明度较高的石英岩及其内部结构，明显可见其粒状结构及斑点状杂质矿物

透明度较高的石英岩易与和田玉区别，因为和田玉很难达到这样的透明度，如右图，透明度高的石英岩，内部的结构和杂质就很容易观察。

石英岩玉的结构是均匀的颗粒状结构，明显不同于和田玉，一般透明度都高于和田玉，内部杂质矿物的分布也不同于和田玉。

透明度较高（半透明）的石英岩

☀ 常规仪器鉴别

折射率	石英岩为 1.54 左右，低于和田玉。
比重	石英岩为 2.64 ~ 2.71，低于和田玉。
硬度	石英岩的硬度为 7，小刀一般无法刻划。

和田玉子料福禄寿瓶

和田玉与玉髓的鉴别

◉ 认识玉髓

　　玉髓为隐晶质结构的石英微晶集合体，颜色主要有白色、红色、绿色、蓝色等，最常见的主要是白玉髓。与和田玉相似的玉髓颜色主要是绿色和白色，绿色的玉髓与碧玉相似，白色玉髓与白玉、青白玉相似。

　　绿玉髓又称澳洲玉，颜色为黄绿－绿色。绿玉髓，因产于澳大利亚又称"澳洲玉"。外观上和碧玉、绿色翡翠十分相似，矿物颗粒极细，多为微透明至半透明，品质好的为苹果绿，但是它的绿色给人一种塑料感。

◉ 和田玉与玉髓的肉眼鉴别

　　鉴别仿冒碧玉的绿色玉髓，主要观察其结构及透明度等，玉髓为隐晶质结构，玻璃光泽，透明度较高，手感轻，一般少有杂质，硬度高于和田玉。

　　玉髓一般都具有自己特有的生长结构，如平行层状的生长纹理及类似镶嵌状的生长结构。

绿色玉髓，与碧玉相似

玉髓典型的平行层状生长纹理

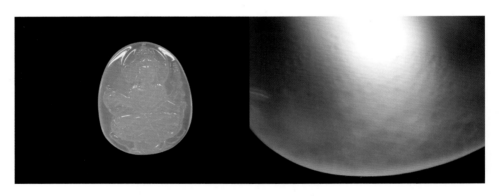

左图为白色玉髓，与白玉相似，透明度较高，右图为玉髓典型的镶嵌状的生长结构

☀ 常规仪器鉴别

折射率	玉髓为 1.53 或 1.54 左右，低于和田玉。
比重	玉髓为 2.60 左右，低于和田玉。
硬度	玉髓的硬度为 6.5 ~ 7，小刀一般无法刻划。

和田玉牌——探春

和田玉与碳酸盐质玉 (大理石玉) 的鉴别

◈ 认识碳酸盐质玉

碳酸盐根据化学成分 (矿物成分) 分类,其组成的种类繁多,但与和田玉相似的碳酸盐质玉 (大理石玉) 主要矿物成分是方解石 ($CaCO_3$) 或白云石 ($CaMg(CO_3)_2$)。在商业上有"阿富汗玉""蜜蜡黄玉""米黄玉"等名称。

黄色碳酸盐质玉

大理石玉（大理岩）的主要成分为方解石，可有白云石、菱镁矿、蛇纹石、绿泥石等矿物。它的化学成分及颜色随不同的矿物组成而有所变化。

"阿富汗玉"就是其中一种质地细腻、透明度较高的大理岩，颜色主要为白色，主要成分是方解石。

"蜜蜡黄玉"并非真的黄玉，其实它是一种白云石大理岩，且因颜色为蜜黄色，表面呈蜡状光泽而得名。"蜜蜡黄玉"是 20 世纪 80 年代初期在天山发现的玉石新品种。颜色鲜艳，外观性好，所以自问世以来，在市场中也是很受欢迎的，是仿和田玉的品种之一。

☀ 和田玉与碳酸盐质玉的肉眼鉴别

颜色

与和田玉相似的碳酸盐质玉的颜色主要有白色、黄色等。

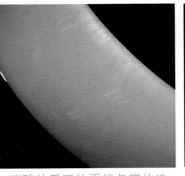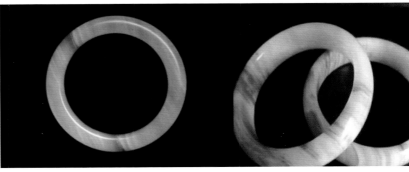

碳酸盐质玉的平行条带构造　　　　　　　碳酸盐质玉近于平行的纤维状结构

不同颜色和透明
度的碳酸盐质玉

结构构造

和田玉为毛毡状结构，碳酸盐质玉（大理石玉）主要以粒状结构或纤维状结构为主。很多大理石玉都有平行的条带构造，这也是与和田玉区别的主要特征。

光泽

和田玉多为油脂－蜡状光泽，碳酸盐质玉的光泽为玻璃光泽－油脂光泽。

透明度

微透明－半透明。

☀ 常规仪器鉴别

折射率	为1.48～1.66，虽然折射率范围很宽，但一般情况下，其折射率都比和田玉的低。
比重	为2.70左右，低于和田玉。
硬度	摩氏硬度为3，小刀可刻划。
荧光	长波（LW）、短波（SW）下可有强荧光。

碳酸盐质玉除了具有与和田玉不同的粒状结构外，还具有两个极为重要的特点：即遇盐酸起泡和较低的硬度。根据这两点不难对其进行鉴别。一般比较容易而且简便的鉴别手段就是看硬度，碳酸盐质玉的硬度都低于小刀。

和田玉与透辉石的鉴别

◎ 认识透辉石

透辉石 (Diopside)，化学分子式为 $CaMgSi_2O_6$，常见颜色为蓝绿色至黄绿色、褐色、黄色、紫色、无色至白色。

白色部分为和田玉，黄色不透明部分为透辉石，透辉石比和田玉的透明度要差，正常的颜色为白色，比和田玉白，但是图中样品由于外来颜色的原因，透辉石变成黄色

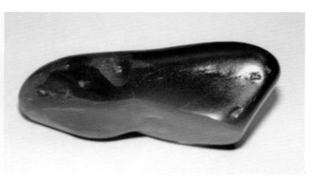

绿色透辉石集合体与碧玉很相似

☀ 和田玉与透辉石的肉眼鉴别

颜色

与和田玉相似的透辉石集合体，颜色主要为白色、绿色等，绿色透辉石与碧玉相似，白色透辉石一般与和田玉共生，可作为和田玉的皮（围岩），颜色一般较和田玉白，而且透明度比和田玉要差。

结构

和田玉为毛毡状结构，透辉石主要为柱状、放射状、纤维状结构，结构较粗。

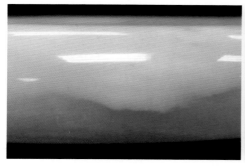

白色不透明部分为辉石，白色较透明的　白色透辉石，局部含有少量碳酸盐等矿物
灰白色部分为和田玉

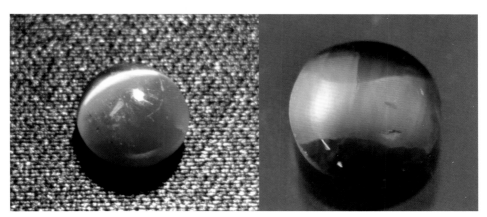

具有猫眼效应的绿色透辉石仿和田玉猫眼

光泽

和田玉多为油脂－蜡状光泽，透辉石光泽为玻璃光泽。

透明度

透辉石多为微透明，没有和田玉透明。

◈ 常规仪器鉴别

折射率	透辉石的折射率为 1.68 左右，明显高于和田玉。
比重	透辉石为 3.10 ～ 3.52，明显高于和田玉，含有透辉石的和田玉，其比重一般要稍高于和田玉。
硬度	为 5 ～ 6，比较接近和田玉，所以利用硬度测试很难区分两者。

和田玉糖白玉吊坠

和田玉与水镁石的鉴别

☀ 认识水镁石

水镁石或氢氧镁石（Brucite），化学分子式为 $Mg(OH)_2$，是蛇纹岩或白云岩中的典型低温热液蚀变矿物。纤维状集合体称为纤水镁石（Nemalite）或水镁石石棉。

水镁石常见片状集合体，有时呈纤维状集合体，主要颜色为白色至淡绿色，含有锰或铁者呈红褐色。水镁石的颜色变化取决于混入物的含量，如含铁、锰杂质的变种呈现黄色或褐红色。水镁石的原石外表看起来很像和田玉，有玉质感，外层甚至还有和田玉所具有的特征——白皮子，非常具有欺骗性。

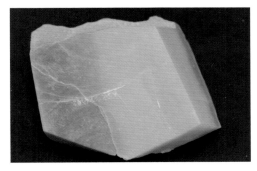

水镁石，外观与和田玉的糖白玉非常相似，可以以假乱真，半透明－微透明，纤维状结构，硬度很低，小刀可以轻易刻划

☀ 和田玉与水镁石的肉眼鉴别

颜色

水镁石的颜色一般呈白至淡绿色（青白色），含有锰或铁者呈黄色或红褐色，肉眼观察，其与软玉的糖白玉非常相似。

结构

水镁石主要为纤维状结构。

光泽

水镁石的断口呈玻璃光泽。

透明度

微透明。

特殊性质

易溶于盐酸，不起泡。

白玉错金嵌多宝壶
作者：丁智会（新疆工艺美术大师）
图片提供：致真玉馆

☀ 常规仪器鉴别

折射率	水镁石的折射率为 1.56 ～ 1.58，比和田玉低。
比重	水镁石的比重很低，为 2.3 ～ 2.6，明显比和田玉低。
硬度	水镁石的硬度很低，只有 2.5，小刀很容易刻划。

虽然水镁石与和田玉的外观非常相似，但是它们的基本性质相差很大，尤其硬度，拿小刀刻划水镁石，非常容易就能刻划出一条白线。

和田玉与硅灰石的鉴别

☀ 认识硅灰石

硅灰石（Wollastonite），化学分子式为 $Ca_3(Si_3O_9)$，经常与和田玉共生。通常呈片状、放射状或纤维状集合体。白色微带灰色。玻璃光泽，解理面呈珍珠光泽。

☀ 和田玉与硅灰石的肉眼鉴别

颜色

硅灰石的颜色一般为白色微带灰色调。

结构

和田玉为毛毡状结构，硅灰石的结构多为放射状、纤维状结构，局部可见透明条带状，类似于和田玉中的水线。

光泽

和田玉多为油脂－蜡状光泽。硅灰石主要为玻璃光泽，解理面为珍珠光泽。

透明度

半透明－微透明。

特殊性质

完全溶于浓盐酸。

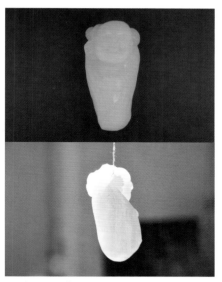

硅灰石，半透明－微透明，局部可见数条无色透明条带，类似于和田玉中的水线

✸ 常规仪器鉴别

折射率	为 1.60 ~ 1.61，与和田玉非常接近。
比重	为 2.78 ~ 2.91，与和田玉很接近，但一般还是稍低于和田玉。
硬度	为 4.5 ~ 5.0，小刀可刻划，低于和田玉，可与和田玉区分。

硅灰石不管是外观还是它的基本宝石学性质都与和田玉非常接近，而且经常与和田玉共生，很难用肉眼及常规仪器准确区分，但可以利用红外光谱仪快速区别。

Chapter 3
和田玉与仿制品的鉴别

　　随着和田玉价格的上涨，市场上和田玉的仿制品越来越多，仿制技术越来越高，制作方法越来越多样化。和田玉仿制品的大量出现，给市场造成了一定的混乱。本节重点介绍和田玉与仿制品的鉴别方法，让您不打眼，买真玉。

和田白玉辈辈封侯挂件

和田玉与玻璃的鉴别

用玻璃仿制和田玉的制作材料有好几种：普通玻璃、传统脱玻化玻璃、新型微晶化玻璃等。

☸ 普通玻璃

普通玻璃仿和田玉最常见，仿制颜色主要有白色、绿色、青色等，光泽为玻璃光泽，半透明至不透明，常含有大量大小不等的气泡，贝壳状断口，折射率为 1.51 左右，比重为 2.30 ~ 4.50，摩氏硬度为 5 ~ 6，弱至强荧光。

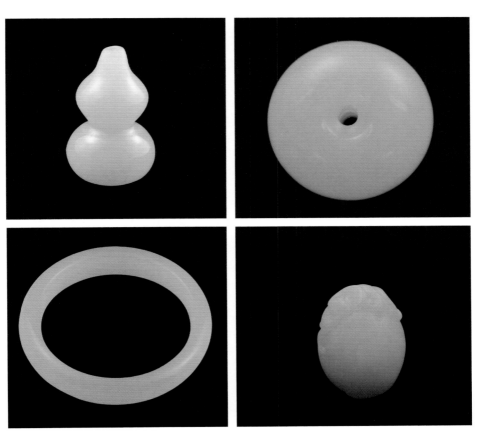

普通玻璃仿制的和田玉

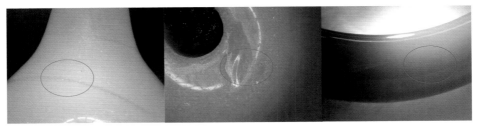

普通玻璃的微细特征（具有流动构造、贝壳状断口、气泡等）

脱玻化玻璃仿制和田玉手镯

☀ 传统脱玻化玻璃

传统脱玻化玻璃可仿制和田玉的各种颜色，如白、绿、青、黄等颜色，显微镜下明显可见脱玻化（重结晶）结构，半透明至不透明，气泡极少。红外光谱特征与普通玻璃基本一致。

☀ 新型微晶化玻璃

脱玻化玻璃的脱玻化结构
（类似蕨叶状）

最近市场上出现一种较新型的玻璃仿制品，这种微晶化玻璃主要呈白色，与白玉在颜色上非常相似，而且成品还特意做上假"毛孔"，并染上颜色，制造假皮色以此来仿制和田玉子料，在一定程度上可以以假乱真。

10倍放大镜或宝石显微镜下观察新型微晶化玻璃内部结构基本已经微晶化，有颗粒感，少有气泡，偶尔在不明显位置有一两个气泡。透明度一般没有普通玻璃透明，为半透明－微透明。折射率为1.51左右，与普通玻璃基本一致。在紫外荧光灯下一般为无至弱荧光。由于制作工艺及化学成分与普通玻璃有差异，因此红外光谱与普通玻璃红外光谱明显不同。

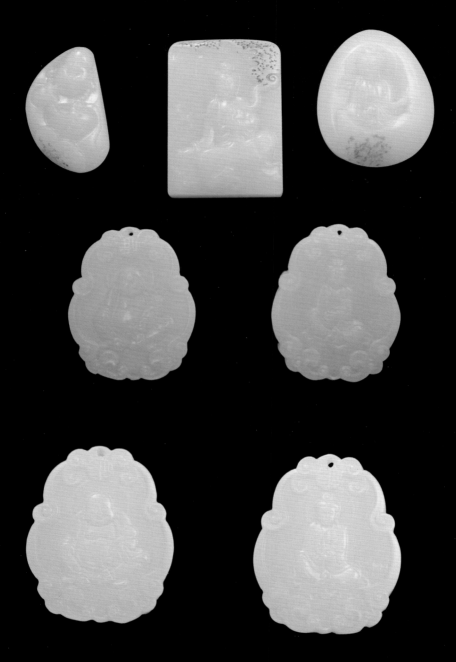

微晶化玻璃，微透明，气泡很少，偶尔可见

塑料仿和田玉碎块

和田玉与塑料的鉴别

　　塑料仿制品主要以仿和田玉子料为主，形态自然，而且块度较大，大部分在 5 千克以上。仿制品表面都经过染色处理，而且通体染色，为了模仿和田玉子料，塑料仿制品表面可见到呈点状分布的黑色，有时黑色具有分层条带现象。仿制品表面有时可见裂隙、凹坑、毛孔等与和田玉子料表面类似的特征。

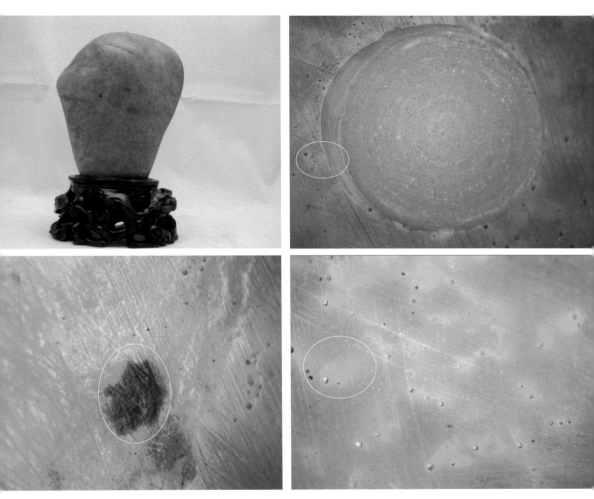

塑料制成的摆件及其局部细微特征（可见染剂局部富集及圆形气泡）

　　目前塑料仿制品的制作工艺主要有两种：一是塑料与铁块相混合，将混合体的外形打磨成和田玉子料的形状，然后进行染色，一般染成很艳的红色；第二种制作方法是塑料内部包裹混凝土、石块等密度比较大的物质，该方法制作的和田玉仿制品中间是空的。

塑料仿和田玉，内部可见大量铁片、铁块

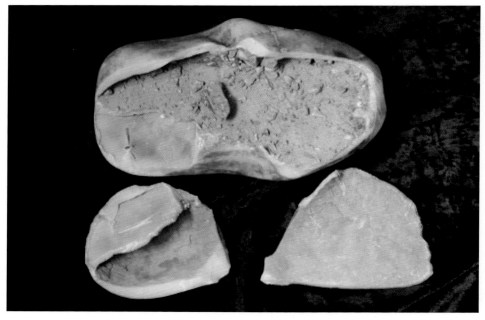

塑料仿和田玉，内部为中空，包裹着混凝土、石块等密度较大的物质

颜色

塑料仿制品表面所染颜色比较均匀，颜色没有较大的起伏变化。裂隙处颜色与附近颜色深度基本一致，这与天然子料正好相反。有些塑料仿制品表面可见染色时刷子留下的痕迹。

硬度

此种玉石仿制品的硬度较低，摩氏硬度在 2.5 左右，小刀可划动。

密度

仿制品的总体密度低于和田玉的密度。内部加有铁块的仿制品密度相对较大；内部加混凝土、石块的仿制品的密度相对偏低。仿制品的密度虽然低于和田玉，但是由于块度较大，一般比较难以用密度加以区分。

表面细微特征

为了模仿天然和田玉子料的"毛孔"，仿制品表面具有较大的凹坑，仿制品凹坑内的光泽与表面的光泽差异较大。这些凹坑的出现没有普遍性，只在局部出现。有些仿制品表面凹凸不平的现象很明显，可以观察到人工打磨的痕迹。

其他简易鉴定特征

有些仿子料内部加有铁块，如果用磁铁靠近仿制品表面，磁铁可被吸引；由塑料内部包裹混凝土、石块等物质加工而成的仿制品，由于中间混凝土石块大小不一，严密性差，敲击仿制品的表面，发出的声音不一致。

Chapter 4
和田玉与相似玉石及
仿制品的大型仪器测试

　　在肉眼及常规仪器的鉴定中，由于样品的状态（颜色、结构、透明度等都非常近似，而且样品的块度过大，等等）及其他原因，和田玉与相似玉石及其仿制品并不能百分之百鉴别出来。这时就需要借助大型仪器，如红外光谱仪才能准确鉴定。

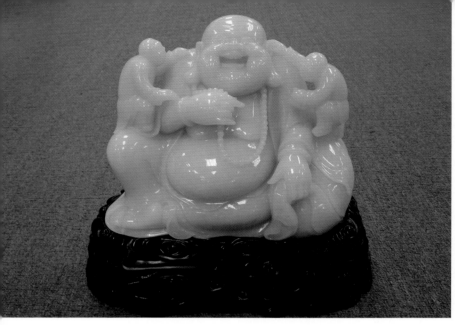

较大的摆件利用红外光谱可以快速准确鉴定

需要用到大型仪器（红外光谱仪）来进行鉴定的主要有以下几种情况。

大摆件

玉石摆件有时由于颜色、结构等没有典型的特征，利用肉眼无法判断是不是和田玉时，而且摆件的块度太大，常规仪器无法使用时，只能借助大型仪器了。把摆件放到红外光谱仪器的反射附件上进行样品信息的采集、比对特征峰，最后确认是什么玉石品种，鉴定结果就出来了。

没有经过抛磨的玉石原石

由于缺少鉴定的特征，利用肉眼无法判断，而且常规仪器无法使用时，也是需要红外光谱仪的帮忙。

玉石原石，鉴定特征较少，肉眼及常规仪器无法判断，红外光谱可以快速鉴定

成分复杂的玉石

在实验室检测中，会遇到一些透闪石与碳酸盐、绿泥石等矿物同时存在的成分复杂的玉石（如透闪石化大理岩等），外观上与和田玉非常相似，基本的宝石学性质非常接近，没有办法准确区分。红外光谱既有和田玉（透闪石）的特征峰，也有碳酸盐的特征峰，很容易误判为和田玉。但是通过分析红外光谱图，这种既有透闪石又含有碳酸盐的玉石不能简单定义为和田玉，它是一种多组分的玉石。

玉石的成分非常复杂，利用红外光谱不仅检验出含有透闪石，还有碳酸盐等其他矿物

97

群镶的玉石饰品

在鉴定样品的过程中，会经常遇到一些玉石项链、手串等多粒珠子串在一起，如果几十、上百颗珠子中掺杂其他相似的玉石或仿制品，这样就给检测带来一定的困难。对于这种群镶（混杂）的饰品，用肉眼及常规鉴定相对困难、耗时，因此除了利用常规鉴

和田玉项链中掺杂几粒翡翠（涂有黑颜色的珠子），外观上和田玉与翡翠颜色非常接近，但翡翠显得比软玉透明，颗粒感较强，结构有明显差异

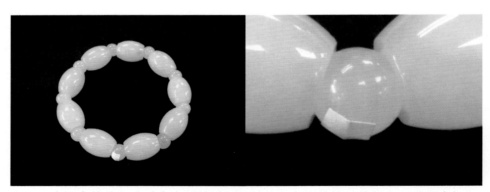

和田玉中混有蛇纹石（贴有白纸的珠子是蛇纹石），蛇纹石的颜色、透明度与和田玉非常相似，很难用肉眼区分

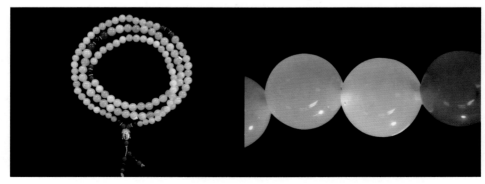

和田玉饰品中混有几粒蛇纹石，蛇纹石的透明度相对要高些

定方法，还可以利用红外光谱检测，对玉石饰品中的每粒玉石逐一进行检测，
可较快速鉴定。

和田玉与相似玉石及其仿制品的红外光谱

利用红外光谱仪区分玉石及仿制品的种类，是非常有效、准确而且快速的。

下面列出一些和田玉与相似玉石及其仿制品的红外光谱图作为比较：

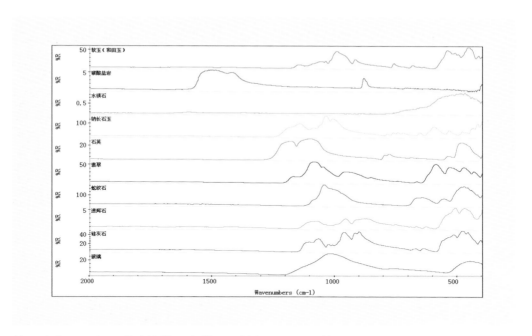

软玉（和田玉）、碳酸盐岩、水镁石、钠长石玉、石英、翡翠、蛇纹石、透辉石、硅灰
石、玻璃 的红外光谱图

Chapter 5

和田玉的产出环境
与真假子料的鉴别

在和田玉子料暴利的驱使下，市场上各种仿子料的手段层出不穷，且仿制水平不断在提高。我们可以通过了解子料的产出环境及典型特征来掌握区分子料与仿子料的技巧。

和田玉原生矿（山料）

和田玉的产出环境

　　什么是子料、山料、山流水料？它们之间有什么区别？想知道它们之间的区别，必须先了解它们的产出环境。只有了解了子料的产出情况，才能对鉴定子料有很大的帮助。

　　根据产出环境，和田玉主要可以分为原生矿（山料）和次生矿（山流水料、子料和戈壁料等）两种类型。

◈ 原生矿

　　是指从和田玉原生矿床中开采的玉料，也称为和田玉"山料"。呈块状、不规则状，锐棱锐角，质量差异较大。

☀ 次生矿

指原生矿床中的玉料，由于各种地质构造运动、风化、冰川挖蚀等作用从原生矿体剥离之后，经过流水作用将其搬离了原生矿，后又经过流水、风力等作用形成的特定形态的矿料。根据产出环境以及成因，可以分为山流水料、子料和戈壁料等类型。

和田玉山流水料

是指玉石块体经过剥离之后，石块在山间滚落，由于冰川搬运及山间流水冲刷而将其进行了较短距离的搬运，玉石块体的杂质以及锐棱锐角被部分磨蚀之后形成的一种玉料。主要特点是玉料呈次棱角状，具有一定的磨圆度，表面较光滑。山流水料一般发现的地点离原生矿都不是很远。

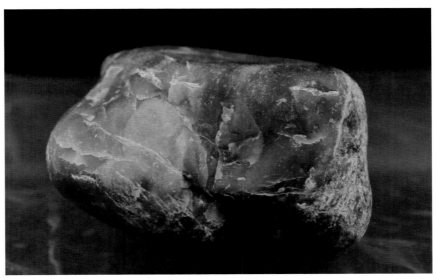

和田玉山流水料

和田玉戈壁料

是指玉石块体从原生矿体剥离之后，经过流水以及风力作用搬运至距离原生矿较远的戈壁滩上，表面具有风蚀痕迹的玉料。和田玉戈壁料的主要特点是表面具有风蚀痕迹，一般特点是块度较小，磨圆度较差。和田玉戈壁料一般由和田玉子料或者山流水料演化而来，所以有些戈壁料表面具有子料或者山流水料的特征。

和田玉子料

是指玉石块体经过各种地质构造运动、风化、冰川挖蚀等作用从原生矿体剥离之后，流水作用将其搬运了较远的距离，并且经历了"沉积—搬运—沉积"不断循环的地质过程，最终形成呈浑圆状、卵石状，磨圆度好，块度大小悬殊，表面有薄厚不一的皮壳的一种玉料。和田玉子料又称"仔料""子玉""子儿玉"等。主要特点是磨圆度好，很多形状呈卵石状，部分子料具有皮色，皮色种类非常丰富，主要以红褐色居多，商业上按照不同的颜色种类具有非常形象的名称，如秋梨皮、枣红皮、虎皮等。

典型的子料的磨圆度较好，玉石整体的轮廓呈流线状，具有典型的油脂－蜡状光泽；具有天然的"毛孔"及裂隙、裂理等天然子料的特征。玉石表面没有任何人工打磨的痕迹，也就是没有经过任何处理。

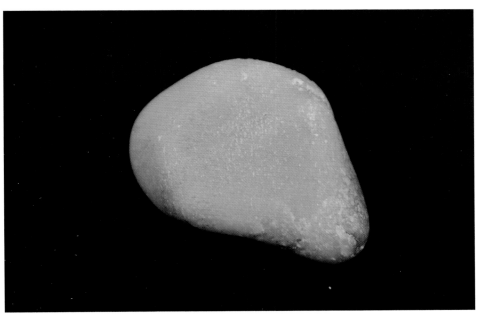

和田玉戈壁料

和田玉子料

和田玉子料雕件——富贵定局
作者：于雪涛（中国工艺美术大师）
图片提供：致真玉馆

和田玉真假子料的鉴别

在和田玉子料暴利的驱使下，市场上各种仿子料的手段层出不穷，且仿制水平不断在提高。我们可以通过了解子料的典型特征来区分子料与仿子料。

◉ 和田玉子料的特征

和田玉可以从宏观及微观角度根据其宏观形态、礓石、表面裂隙、天然凹坑、皮色、次生充填物等多种特征来综合判断真假子料。

◉ 子料的宏观形态

子料的宏观形态有一定磨圆度、棱角及棱线相对圆滑。长条状、形状不一的子料，棱角较分明，但棱角处磨圆较好。

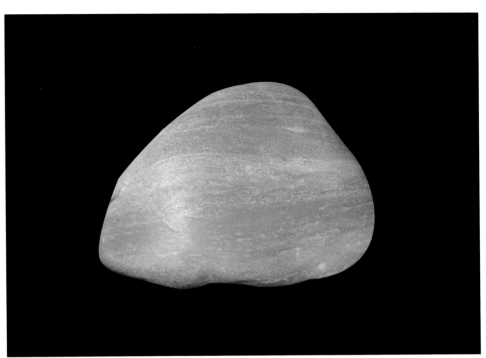

和田玉子料，磨圆度相对较好，棱角棱线相对圆滑

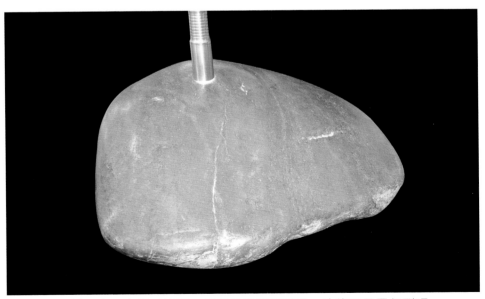

子料，磨圆度相对较好，棱角棱线相对圆滑，边缘可见平行裂理

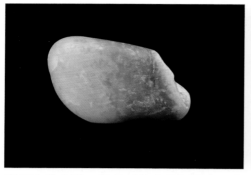

礓石为外凸形，呈带状分布于玉石中，有一定程度的磨圆，与玉石结合度高，呈完全过渡关系

礓石为内凹形，呈团块状、斑点状分布于玉石中

礓石的分布

礓石在子料中是普遍存在的。颜色主要为白色、浅黄色、褐色、黑色等。多为土状光泽，呈带状、不规则团块状、斑点状分布。礓石可分为内凹形和外凸形，内凹形的礓石可能为硬度小于玉石主体的物质，如碳酸盐等。外凸形的礓石多为硬度较大的透辉石等。礓石不仅存在于玉石的表面，还常常深入玉石内部，与玉石主体形成过渡关系。

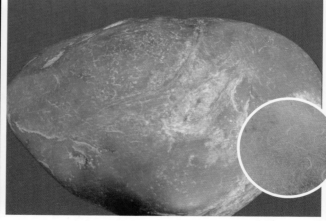

平行裂理、似平行状裂隙

指甲纹及侧面的平行裂理

表面裂隙

　　俗话说玉石"十有九裂"，可见玉石中存在裂隙是非常普遍的。由于产生裂隙的原因多种多样，因此裂隙的大小、形态等各不相同，比如有类似指甲纹一样的裂隙（天然"指甲纹"），细密而平直的裂隙（平行裂理）、近似平行状且较粗的裂隙（似平行状裂隙），等等。子料的裂隙断面一般呈平缓波状变化，且裂隙内外光泽相近。

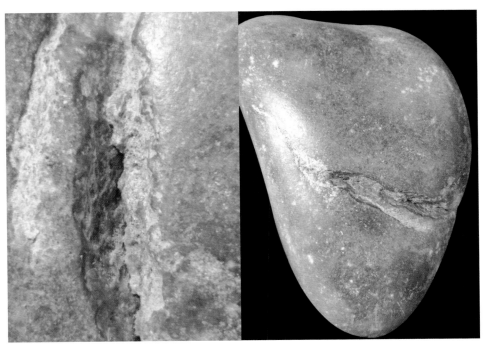

裂隙断面一般呈平缓波状变化，裂隙内外光泽相近

天然凹坑，即"毛孔"

凹坑、"毛孔"主要由于腐蚀或碰撞、冲刷等形成，凹坑一般呈斑点状、类几何形状散点或集中分布，凹坑大小、深浅不一。

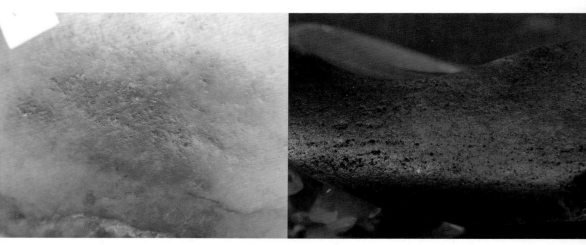

天然子料的"毛孔"

次生充填物

凹坑、天然裂隙中会有一些后期充填的矿物，如碳酸盐、石英颗粒等。

凹坑、裂隙处的次生充填物

典型天然皮色特征

皮色是由于次生作用影响和田玉表皮形成的颜色，这种颜色可以是玉石在空气中风化所致，也可以是和田玉长期埋于地下，由于地下水中所含矿物质在表面沉淀附着所致。

皮色可以分为两种：一种是年久风化，玉的表皮已糟朽，形成较厚的皮层，皮层往往呈深黄、暗赭等色，也就是人们常讲的玉璞之皮，从玉璞的外面已很难了解内里的玉色。另一种风化时间较短，表面仅呈膜状，常出现于子料上，从外面常能透出里面的玉色。

子料在河床中经千万年冲刷磨砺，自然受沁，它会在质地松软的地方沁上色，在有裂隙的地方深入肌理。由于子料的皮色是在原砾石表面慢慢形成的，是风化和水的解析作用以及大、小气候循环制约等因素共同造成的，是分阶段的，所以颜色沁入玉内有层次感，皮和肉的感觉是一致的，且呈渐变过渡状。外表有厚薄不一的皮色，颜色常有枣红皮、秋梨皮等，皮上的颜色应是由深变浅，裂隙上的颜色则由浅至深。具有子料的多种颜色同时出现，颜色具有一定的过渡。

具天然皮色的子料，颜色有一定的渐变、过渡

☀ 仿和田玉子料的材料品种

仿子料从原材料上归类主要有三种类型，即用和田玉山料仿子料、天然相似玉石仿子料、人工材料仿子料等。天然相似玉石仿子料材料主要是其他一些较低档的玉石，如石英岩、大理石玉、蛇纹石等；人工材料主要是塑料、玻璃等。这些材料经过切磨成和田玉子料的形态，然后染上颜色来仿和田玉子料。

要鉴别子料与相似玉石、人工材料仿制的仿子料，首先是要进行材质的鉴定，确认玉石的品种，再进一步分析。这在第二章节的相似玉石及仿制品中已经详尽阐述，利用肉眼及常规仪器测试区分石英岩、大理石等天然材料及塑料、玻璃等人工材料。相似玉石及人工材料仿子料的确定也可以利用大型仪器如红外光谱等无损方法，快速、准确区分出来。

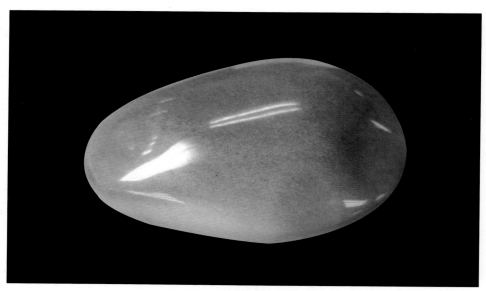

具有子料宏观形态的石英岩

天然相似玉石材料仿子料的鉴别

天然相似玉石材料想仿制成和田玉子料，首先要把样品打磨成子料的形态，然后在表皮染上颜色，瞬间华丽变身成 "子料"，对于外行来说还是挺唬人的。

1. 石英岩仿子料

具有子料宏观形态的石英岩

染色石英岩仿子料

2．大理石玉仿子料

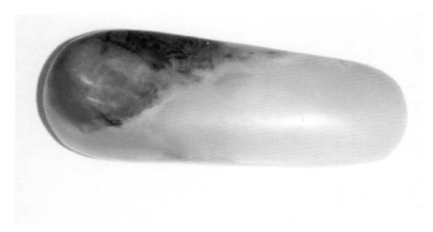

大理石仿子料

3．蛇纹石玉仿子料

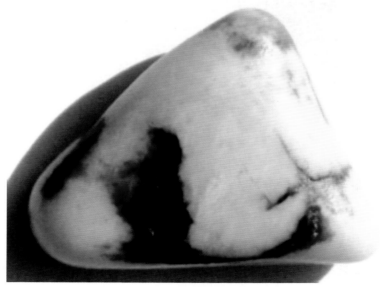

蛇纹石仿子料

和田白玉子料秋梨皮料雕如意小玉锁

图片提供：珠宝小百科董海洋

人工材料仿子料的鉴别

1. 塑料仿子料

塑料仿制品主要以仿和田玉子料为主，形态自然，而且块度较大，大部分在5千克以上。仿制品表面都经过染色处理，而且通体染色，为了模仿和田玉子料，塑料仿制品表面可见到呈点状分布的黑色，有时黑色具有分层条带现象。仿制品表面有时可见裂隙、凹坑、毛孔等与和田玉子料表面类似的特征。具体鉴定特征可参照第二章节的相似玉石及仿制品的鉴定。

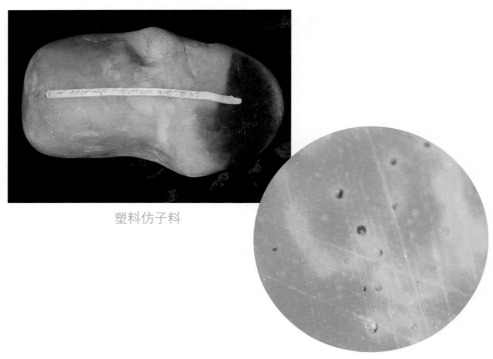

塑料仿子料

放大观察，仿和田玉子料的塑料
样品内部可见圆形气泡

2. 玻璃仿子料

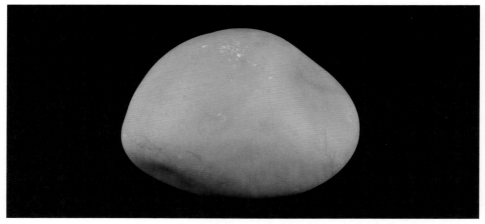

玻璃仿和田玉子料原石

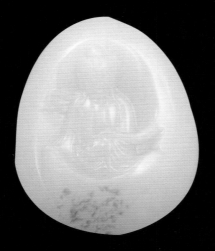

玻璃仿子料雕件

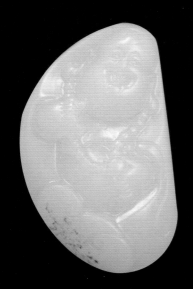

做了假毛孔的玻璃成品

山料仿子料

鉴别不同材料的仿子料相对容易，但是针对用和田玉山料来仿和田玉子料，鉴别相对要难很多，需要掌握很多鉴定的特征。因此本章着重介绍山料仿子料的鉴定特征。

和田玉山料仿子料的作假在初期时相对简单，肉眼可以明显发现作假的痕迹，但现在随着技术的发展，作假技术越来越高明，肉眼越来越难以鉴别，更多地需要仪器设备来鉴定。染色技术也一样，日新月异，需要不断去更新鉴定的手段和方法。

仿子料的作假主要通过对山料形状造型的改造，加上表层颜色的人工处理，使之外观看似子料。通常的做法是将大小不等的山料在滚筒中进行磨圆，然后再

和田玉子料雕件——蒸蒸日上
作者：于雪涛（中国工艺美术大师）
图片提供：致真玉馆

染上颜色。大的玉石一般通体染色，常呈褐红、褐黄色；小的玉石多进行局部染色。

　　主要的仿子料有以下几种：磨光料、作假毛孔的仿子料、刷皮的仿子料、贴皮仿子料等。

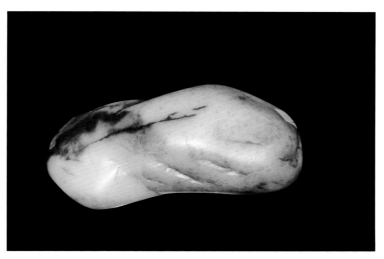

子料有一定磨圆度、棱角及棱线相对圆滑、局部多有礓石

山料的棱角分明，磨圆度很差

要鉴定子料与山料仿子料，可以通过宏观形态、光泽、表面特征及表皮颜色等进行对比区分：

（1）宏观形态的对比（主要针对原石）；

（2）光泽的对比，例如磨光料；

（3）表面微细特征对比（"毛孔"、指甲纹、人工抛磨痕迹等）；

（4）表皮颜色的对比。

宏观形态的对比

子料有一定磨圆度、棱角及棱线相对圆滑、局部多有礓石。

山料仿子料相对磨圆度较差，棱角较分明，一般没有礓石。

光泽的对比——磨光料

磨光料仿子料是很常见的，玉石块度有大有小，一般块度相对较小，多做成

山料仿子料有人工切磨的痕迹（类似几何图形三角形区域的棱角，边缘棱线较清晰）

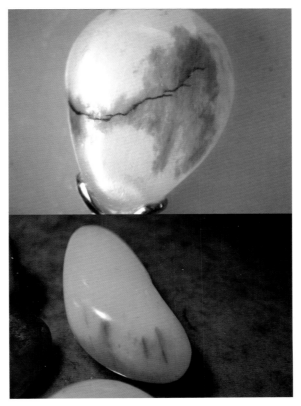

磨光料整体浑圆状，磨圆度好，表面光滑，光泽
可达到玻璃光泽，染色部分颜色不自然，颜色呆
板单一，无层次感

挂件、手链、项链等。磨光料一般玉石表面光滑，没有天然子料外表所谓的"毛孔"。
光泽比子料要强，和田玉子料大多没有经过抛光，所以光泽主要呈蜡状、油脂光泽，
而磨光料的光泽可达到玻璃光泽。因此通过观察玉石的光泽及表面特征，还是很
容易鉴别的。磨光料的样品整体呈浑圆状，磨圆度好，表面光滑，光泽可达到玻
璃光泽，染色部分颜色不自然，呆板单一，无层次感。

磨光料

表面特征——做假"毛孔"的仿子料

假"毛孔"就是在切磨好的玉石原料或雕琢好的玉石雕件的全部或局部表皮人为做上一个个假的凹坑来模仿子料的毛孔特征，并染上颜色仿制子料的皮色，以此达到以假乱真的目的。但是通过肉眼及宝石显微镜观察玉石的表面，通过比对玉石的凹坑形状、光泽及颜色的富集情况，可以判断毛孔的真假，从而鉴定出真假子料。

举一个非常典型的例子，如下页这件样品肉眼明显可见人工打磨的痕迹，典型的人工做成的假"毛孔"，"毛孔"的形状、大小比较一致，而且被染上黄色染料，凹坑处可见染料富集。

人工作假的假 "毛孔"

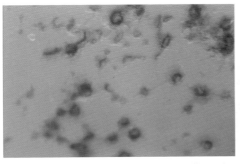

放大观察，可见凹坑处有颜色富集，表　　凹坑（假毛孔）的光泽明显与玉石表面
面有许多人工打磨的痕迹　　　　　　　的光泽有差异

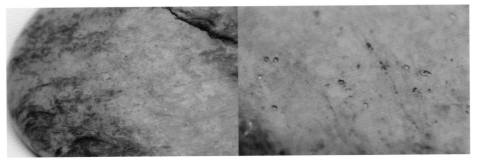

放大观察凹坑（假毛孔非常接近天然子料的 "毛孔"，肉眼几乎无法区分）

　　但是目前市场上更常见到一些做假 "毛孔" 的仿子料为了达到更好的模仿子料的效果， "毛孔" 的作假水平越来越高，越来越接近天然子料的 "毛孔" 了，

有些假"毛孔"在肉眼看来几乎无法分辨真假。

　　经过人工抛磨出来的仿子料，一般都会有一道道明显的人工机械工具所留下的擦痕，就像抛光痕一样，但往往要比抛光痕更深、更粗、更短，可以有一个或几个方向，相对杂乱。

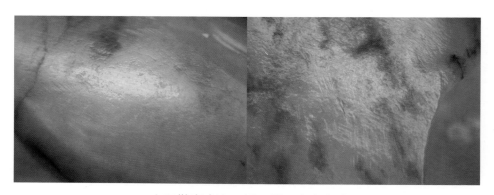

人工抛磨痕迹，短、粗，方向杂乱

仿子料具有明显的人工机械工具所留下的擦痕，就像抛光痕一样，但比抛光痕更深、更粗、更短，而且方向相对杂乱

表面颜色

　　仿子料的表面往往会染上（或刷上、涂上）各种颜色（如黄色、红色、黑色等）来仿制子料，如果确定玉石的表面颜色为天然的皮色，也可以确定其为真子料，因此鉴定玉石表面的颜色的真假尤为重要。对于玉石表面颜色的鉴定主要在下一章节介绍。

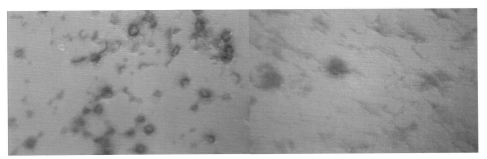

假毛孔加上染色，颜色鲜艳，而且呈色斑状富集于玉石的凹坑及裂隙中，没有一定的过渡

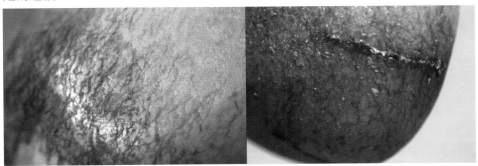

玉石表面的裂隙、凹坑明显可见染料的富集（一）

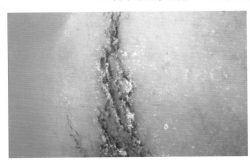

玉石表面的裂隙、凹坑明显可见染料的富集（二）

经过染色的仿子料

Chapter 6

和田玉的优化处理及拼合和田玉

　　一般市场上常见到和田玉的优化处理方法主要有浸蜡（优化）、覆膜处理、充填处理、染色处理。优化处理一般是为了掩盖玉石中存在的绺裂，或为了提升玉石颜色、光泽度等品相而进行的处理。此外，真假参半的拼合和田玉也有很大的迷惑性。本章主要介绍这两类的鉴别技巧。

和田玉黑青玉酒具
作者：陶虎（中国玉石雕刻大师）
图片提供：致真玉馆

　　目前市场上不光仿子料的表皮大多数都经过染色处理，连真正的子料为了增加"卖相"也需要进行染色处理。染色处理包括子料的染色和二次染色、山料仿子料的染色等。染色、覆膜的目的主要是为了俏色和仿和田玉子料。充填处理主要是为了填补玉石的裂隙或凹坑、孔洞等。

浸蜡

　　和田玉的浸蜡工艺使用已久，这种工艺对细小的绺裂进行充填，掩盖了玉料原有的绺、裂，对抛光也有好处，但时间久了，蜡由于挥发或者被磨蚀等原因，绺裂会重新显现。

覆膜处理

　　直接在磨制好的玉石的表面覆上一层较厚的带颜色的涂料。这种作假方法很简单，作假的成本非常低，鉴定起来也相对简单。

　　这件样品（右图）属于前一章提到的经过刷皮的仿子料，其实就是在磨光料的表面覆上一层涂料，放大观

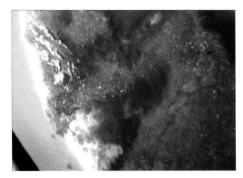

仿子料的涂层

察可以明显看到玉石表面是直接刷上涂料，跟染色是有一定区别的。涂料只停留在玉石的表面，基本没有渗透到玉石的里面，涂料的厚薄不太均匀，局部已经有脱落现象。一定要注意这种覆膜的仿子料虽然不是很常见，但是还是有市场的。

仿子料的表面涂层，直接把涂料涂刷在玉石表面，涂料只是附着在玉石表面，没有渗透深度

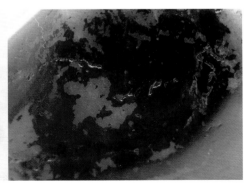

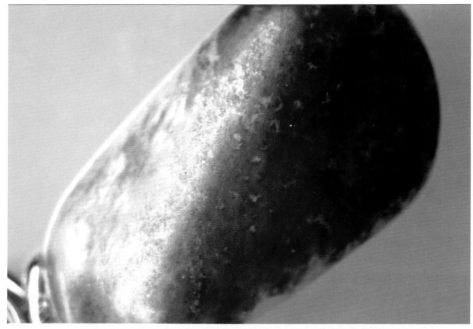

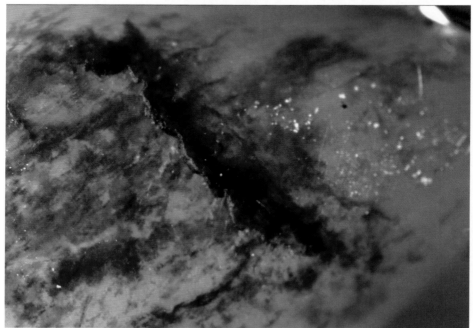

颜色只是富集在裂隙表面，没有渗透到玉石内，有些凹坑没有颜色富集

充填处理

　　和田玉另一种常见的处理方法为充填处理，就是在和田玉的凹坑或裂隙填补上各种有机物，使玉石看上去更完整。这种充填处理的玉石主要是通过肉眼及在显微镜下观察，充填的部分明显与玉石本身有较大的差异，颜色、光泽有差异，而且放大观察充填物与玉石有明显的界线，有时充填物可见气泡。

玉石及局部的充填物

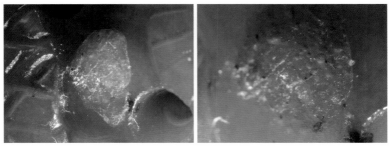

放大观察充填的部分明显可以看到边界，高倍放大观察，可见充填部分有许多圆形气泡

染色处理

对和田玉进行染色主要有几个目的：通过对山料或其他产地的和田玉进行染色来冒充子料；作为俏色；真子料，但是表面没有颜色或颜色不好，需要上点颜色来增加卖相；玉石本身有很多瑕疵，通过染色来掩盖。

☀ 染色的材料

染色的材料多种多样，有动物血、植物染料、有机染料、无机染料、铁锈浸染、碘酒等材料，可以自由搭配染成想要的效果。

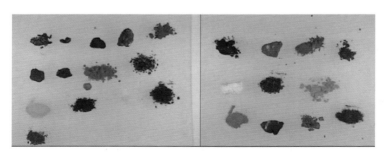

各种颜色的染料

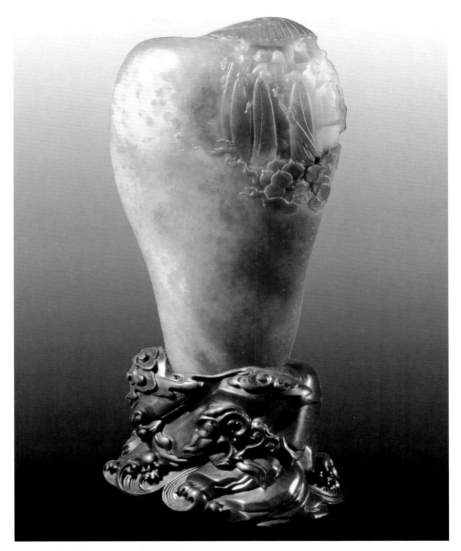

和田玉子料雕件——佛崖佛韵

作者：苏然（中国玉石雕刻大师）

作品尺寸：11.2 厘米 ×6.9 厘米 ×20 厘米

作品简介：该作品材料精美，玉质上乘，满金黄皮色包裹，整体造型像一颗
佛牙，饱满、完整，又似一座佛崖，无上殊胜。苏然大师因材
施艺，以相会在高山之巅的十六应真，摩崖石刻的飞天、佛像、
石窟等佛教元素，构建出佛界圣境，布局合理，设计巧妙。

◈ 染色的方法

和田玉的染色不光材料是多种多样，染色的方法也是层出不穷，染色手段不断地推陈出新。大致可以将和田玉的染色方法分为这几种：直接涂抹、浸泡法（低温浸泡、高温浸泡），还有局部染色方法、铁锈染色等。其中直接涂抹、浸泡、铁锈染色等主要是针对没有雕琢的原石；对于经过雕琢的成品或半成品更多使用局部染色的方法。一般在染色之前多先用强酸洗掉表面的杂质，并使玉石的结构变得较疏松，易于颜色的附着。

第一种直接涂抹

先用高温加热玉石表面，然后用盐酸处理玉石表面，最后在玉石表面涂上染剂（由多种染料及渗透剂配制而成），放置一段时间即可染色成功。颜色主要附着在玉石的表面，染剂的颜色一般都较鲜艳。

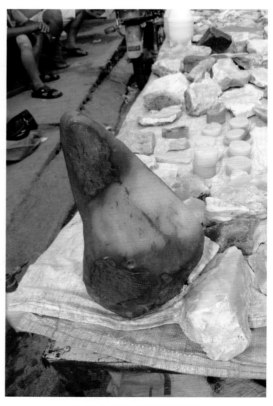

第二种浸泡法

低温浸泡

这种方法是市面上的染色和田玉比较常见的，将要染色的玉石料子放入一种特殊的染

染料直接涂抹于玉石上

剂中进行冷沁，时间长达一星期左右。取出以后再磨去颜色不自然的部分，再放入滚筒中处理，从而使得玉料的颜色更为自然。

高温浸泡

这种方法是利用一定的温度和压力，染料更快速地进入玉石的结构、裂隙间，从而使玉石快速染色。

玉石直接浸入染料的溶液中

第三种局部染色方法

局部染色的方法一般是用汽油喷枪或者天然气喷枪等加热工具对准玉石的局部进行加热，由于高温让玉质结构变得疏松，然后将调配好的染料涂抹在其表面，在行内这种方法叫点皮。一般情

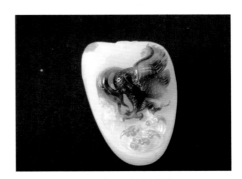

局部染色（点皮）

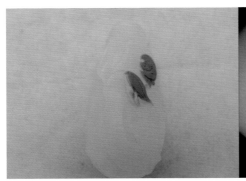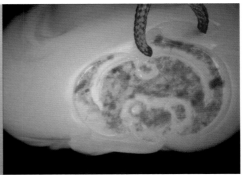

局部染色的玉石

况下，局部染色的玉石带"皮色"的部分面积较小，更多起到俏色、点缀的作用。

第四种铁锈染色方法

使用铁锈浸染。将普通的和田玉用铁皮屑捆绑好，用热醋淬之，放置数天后埋入地下，数月取出，表面会被铁屑蚀出橘皮纹，纹中杂有土斑和深红色的铁锈。或者浸泡于河流中，经过河流长期磨蚀和冲刷作用，使红色铁锈浸入和田玉中，然后进行火烤火烧及加工后期处理，使之沁色。

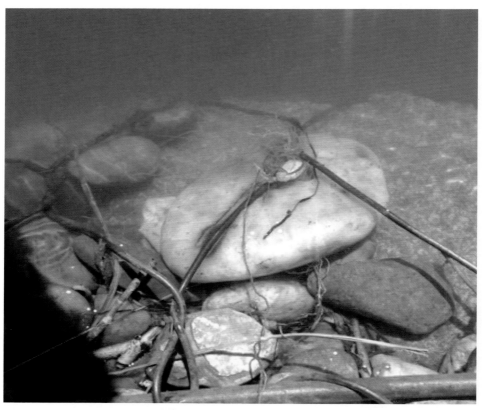

铁锈染色（图片来自网络）

☀ 染色和田玉的鉴别

　　子料的原皮可带有各种颜色，有黑、红、黄、栗等。玉石界以各种颜色而命名，如枣皮红、黑皮子、秋梨黄、黄蜡皮、洒金黄、虎皮子等，皮色几乎就是子料的象征。我们可以看到好多不管是子料还是仿子料，也不管玉质的好坏，为了提升价格或为了更好的视觉效果，一些商家都喜欢给玉石的表皮进行二次上色。

具有天然皮色的和田玉子料

经过染色的和田玉子料

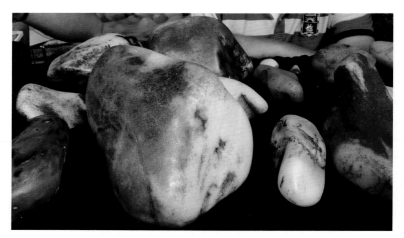

经过染色的和田玉仿子料

鉴别山料仿子料的染色与子料的染色或二次染色的难易程度还是有区别的，经过染色的仿子料相对来说比较容易鉴定，因为仿子料首先没有子料的特征，再加上染色的一些特征，就更容易区别了。而鉴别子料的染色处理根据不同染剂的材料及染色的方法也是有难有易。

鉴别染色的方法主要有：表面颜色的色调、表面颜色的分布情况、荧光、化学试剂擦拭还有大型仪器的鉴别等。

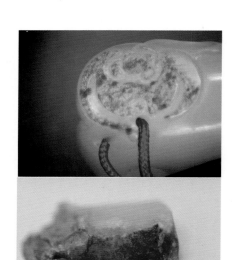

颜色鲜艳的染剂，颜色单一，浮于表面

表面颜色的色调

大部分的染料颜色比较鲜艳，与 Fe 质矿物形成的颜色明显不一样。

表面颜色的分布情况

表面的裂隙或凹坑处明显可见染料的残余。直接涂抹和冷浸的染色方法，经常会有染料的残余在裂隙间，很容易鉴别。

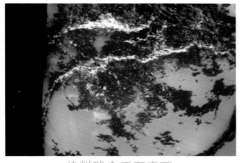

染料残余玉石表面

富集于玉石表面的染料

玉石表面凹坑及裂隙处明显可见染料富集

在宝石显微镜下放大观察仿子料的颜色，表面的黄色有深度并有一定渐变，颜色越往里越浅

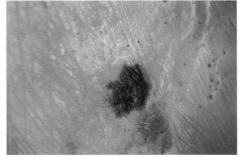

放大观察，染剂相对富集的部分颜色较深

表面颜色的荧光

染料的品种是多种多样的，可以是有机染料，也可以是无机染料。不同的染料，其荧光色及强弱也不一样。有些染料在紫外荧光灯下有弱至强的荧光，一般天然皮色的子料在紫外荧光灯下呈惰性。因此经过染色的和田玉也会呈现不同颜色及强弱的荧光。

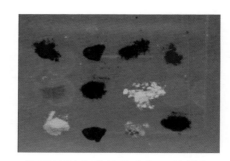

不同染料在紫外荧光灯下的特征

左图为染色的和田玉，右图为染色和田玉的荧光，具有很强的橙红色荧光

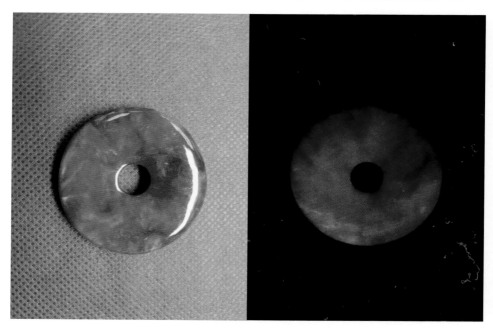

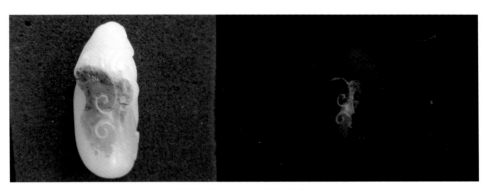

染色和田玉及其荧光色

化学试剂擦拭

主要利用无水乙醇或丙酮对玉石表面的颜色进行擦拭，一般天然皮色不掉色，掉色的都是经过染色处理的玉石。目前有一部分经过染色的和田玉通过化学试剂擦拭可以掉色，但很多情况下，为了防止染上的颜色容易掉色，在染色过程或后期添加了一些工序，比如后期的过蜡，或添加活化剂（固化剂等），使得颜色更加牢固，不易掉色。

带有酒精的棉花擦拭玉石表面，有掉色现象

大型仪器测试

　　染色仿子料，随着技术的不断发展，不断地改进技艺，提高与子料的相似度，使得鉴定难度在不断地增加。但借助实验室仪器设备的观察和测试，大大克服了仅凭肉眼经验判断的不确定性。对于子料的染色或二次染色处理的鉴定一般会相对困难，一些简单的仪器对于经过加色处理的子料是无能为力的。除了肉眼及显微镜放大观察，我们还需要利用其他先进的仪器，如 X 荧光能谱仪、拉曼光谱仪等进一步检测。

　　例如这件和田玉原石，整体的磨圆度非常好，但被切成大小不等的四块，肉眼看表皮颜色呈棕黄色，有些厚度且逐渐过渡，感觉比较自然，表面呈蜡状光泽，在紫外荧光灯下没有荧光。看上去是非常完美的一块子料。用肉眼确实很难判断其真伪。

　　但是利用常规的仪器及结合大型仪器检测，如拉曼光谱仪、X 荧光能谱仪等检测仪器。在高倍显微镜下放大观察，玉石表面作假的各种人工痕迹暴露无遗：拉曼光谱的特征峰也与天然带皮色子料的特征峰不一致，"皮色"部分的化学成分有异常，等等。这些数据足够说明它只是表面披着"子料"衣裳的仿子料，表皮的颜色都是人工染色的。

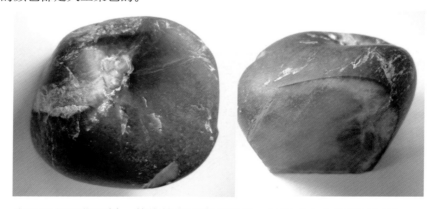

和田玉原石仿子料，整体的磨圆度非常好，被切成大小不等的四块，肉眼看表皮颜色呈棕黄色，有些厚度且逐渐过渡，感觉比较自然

和田玉福寿章

作者：于雪涛（中国工艺美术大师）

图片提供：致真玉馆

开天窗的 "子料"，明显可见拼接的痕迹（图片来自网络）

拼合和田玉

　　拼合和田玉就是由两块（含）以上的和田玉或两种（含）以上不同材料（其中一种是和田玉）拼合在一起组成一个整体的玉石组合，也就是前一章节提到的贴皮仿子料。

　　市场上常见一些开过天窗的"子料"，小面积出露的部分很白，其他部分都被 "皮"包裹着。放大仔细观察，开窗部位实际上是人为粘贴了白玉的薄片或块，而"子料"本身则是质量较差的和田玉原石，甚至是其他低档的玉石如石英岩、大理石、蛇纹石等。以其他材料为主，和田玉只占少部分。

　　右图是在实验室检测到的样品，打眼这么一看，除了"皮"，露出的肉很细腻、很白，让人感觉是一件很好的子料。但在显微镜下放大观察，白肉边上可见许多气泡。紫外荧光灯下，这块白玉的边缘有一圈强蓝白色的荧光。用红外光谱仪检测，白色部分和黄色部分根本不是一样的东西，白色是和田玉，可体积占大部分的黄色部分是蛇纹石。这一件样品的拼接非常巧妙、隐蔽，先在蛇纹石原石上贴上和田玉薄片后，再进行雕琢，把

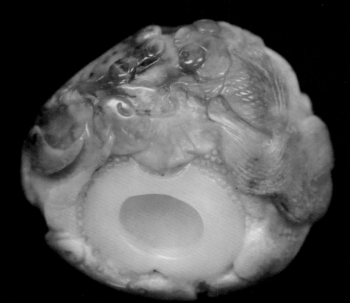

白色部分和黄色部分根本不是一样的东西，白色是和田玉，可体积占大部分的黄色部分是蛇纹石

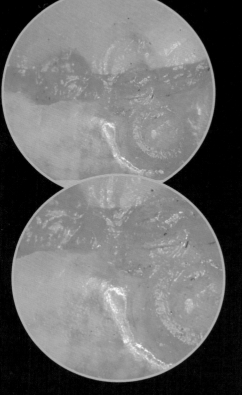

放大观察，可见黏合处有胶状物和气泡

紫外荧光灯下的荧光特征，可见黏合的部分（闭合的一圈）荧光比别的地方都要强，还可见圆形气泡

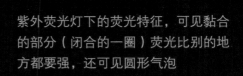

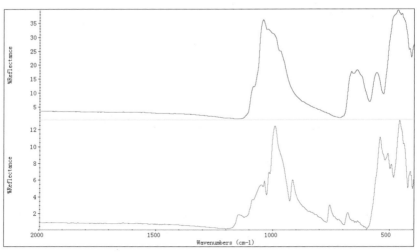

"皮"与"肉"的红外光谱图对比（蓝色线为"皮"呈蛇纹石的特征光谱，红色线为"肉"呈和田玉的特征光谱）

黏合的缝隙巧妙地掩盖掉，肉眼很不容易看出来，让人以为这是一个整体。所以千万一定要注意开过天窗的"子料"。

红外光谱仪测试两部分的玉石，得出白色的"肉"为和田玉，而黄色的"皮"为蛇纹石。

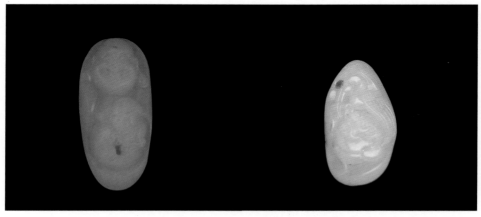

为了俏色或掩盖部分的瑕疵而粘接一块带颜色的和田玉（或其他材料）

　　另外还有这样粘上"皮"的样品，占绝大部分的白色部分玉石为和田玉，但局部带有颜色的"皮"的部分是粘上去的，这种"皮"一般是经过染色的和田玉，也可以是其他天然材料或人工材料，主要是为了俏色或仿子料。

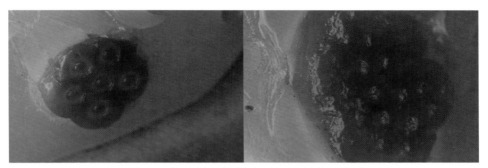

放大观察，粘接的地方可见胶状物和气泡

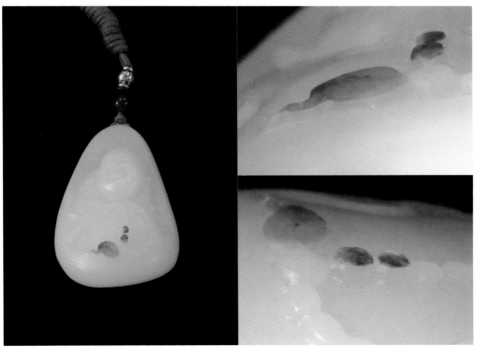

　　放大观察这三块黄色部分，明显可见平直的拼合界面，拼合处可见粘接物。玉石中三块带黄颜色的部分都是粘接上去的，主要是为了俏色

Chapter 7
和田玉的质量评价

　　我国使用和田玉的历史由来已久，产生了源远流长的玉石文化，但是目前针对和田玉的品质分级及评价却没有一个相对权威的国家标准或行业标准，更多的是结合实践及市场需求约定俗成的一套评价标准。一般影响和田玉品质及价格的因素主要有以下几个方面：质地、净度、颜色、重量、工艺等。

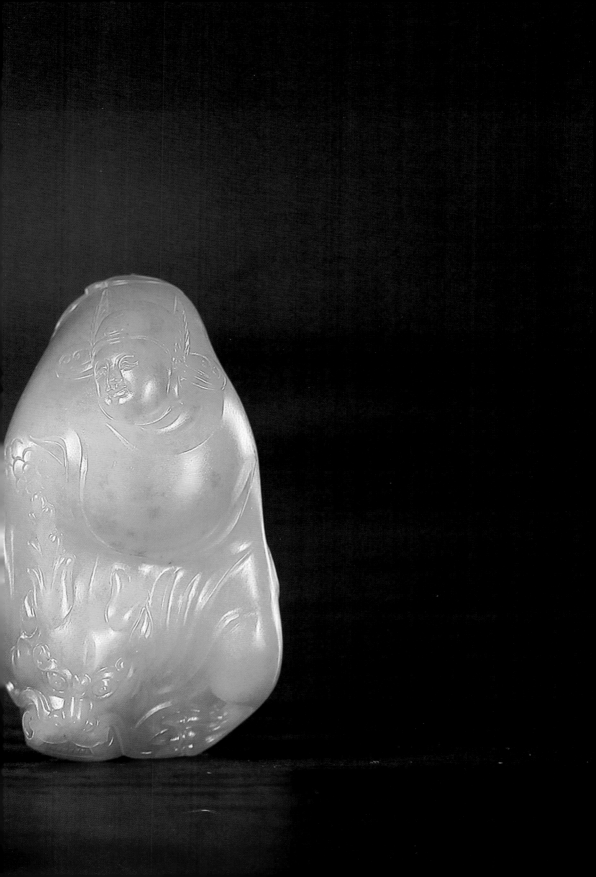

和田玉雕件——万寿钺

作者：苏然（中国玉石雕刻大师）

作品尺寸：13.9 厘米 ×10.2 厘米 ×1.5 厘米

作品简介：早在新石器时代良渚文化遗址中，已发现玉制的钺，具有神圣的象征
　　　　　作用，常作为持有者权力的表现之用。该件作品，玉质细腻油润，外
　　　　　形规整气派，纹饰古朴典雅，做工精细周到。整体布局疏密有致，纹
　　　　　饰运用合理讲究。玉钺两面分别篆刻"承天顺道""永寿恒昌"，意
　　　　　指传承有序，基业永固，盛世常驻。

质地

　　质地是和田玉本身所表现出来的特征，是一个综合的评价，由结构、均匀程度、透明度、光泽度等因素构成。

　　结构细腻均一，油脂光泽强，半透明－微透明（和田玉之所以受到人们的喜爱，是因其温润的质地而不是透明度，和田玉的透明度并不是越高越好）为佳，若玉质粗糙、呈蜡状光泽，透明度差或过于透明，结构杂乱为次。

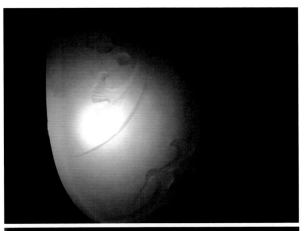

透射光下可见玉石结构细腻

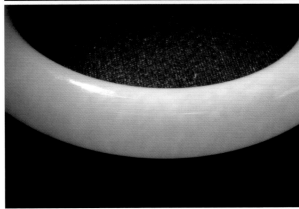

反射光下可见玉石的结构

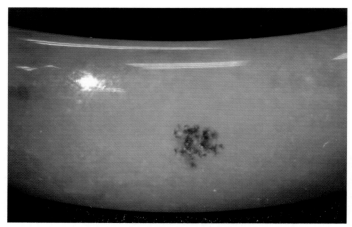

褐色水草状杂质矿物

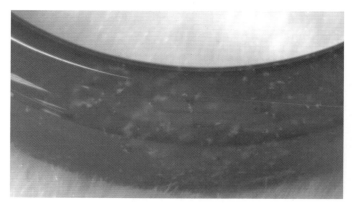

褐色、白色点状杂质矿物

净度（瑕疵）

　　影响和田玉净度的主要因素包括绺裂、斑点状（黑色、褐色、白色）、水线等杂质矿物。和田玉洁净杂质少、瑕疵少者（无或少有绺裂为佳，出现斑块、礓点、云团状斑等杂质矿物或绺裂明显等次。）

　　白玉、青白玉、青玉中多见褐色杂质矿物、白色杂质矿物、水线等，碧玉中常见黑色点状、绿色点状等杂质矿物。

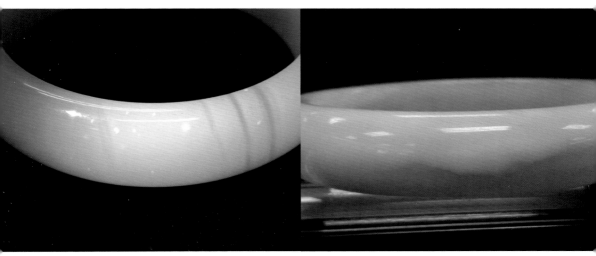

白色点状、水线杂质矿物　　　　　　　　　　　白色团块状杂质矿物

绺裂

碧玉中的黑色斑点状杂质矿物

和田玉子料雕件——吉星高照
作者：于雪涛（中国工艺美术大师）
图片提供：致真玉馆

颜色

在和田玉的评价里，颜色品种是个很重要的因素，一般来说以羊脂玉、白玉、黄玉为佳，墨玉、碧玉次之，糖玉、青玉、青白玉再次之。不管白玉还是碧玉，品质好的玉石其颜色都要求色调要正，不偏色而且颜色分布均匀，碧玉的绿色要有一定的饱和度。颜色越正，分布越均匀，其价值越高。

另外玉石有两种以上颜色时，比如带有皮色、糖色、翠色时，颜色的搭配要好，俏色巧妙、新颖的，可使作品增色不少，甚至价值倍增。如果没有利用好这个"俏"，不但不能增值，反而就会弄巧成拙了。

和田玉俏色

重量

重量即是指玉石的大小，同样质地、颜色的和田玉重量越大价值越高，越小的和田玉价值越低。一般在挑选原料时，这一指标非常重要。

工艺

所谓玉不琢不成器，好的工艺设计对玉石而言是至关重要的。三分料七分工，是对和田玉成品价值比较恰当的评价。加工工艺的好坏直接影响到和田玉成品的价值，有时甚至对和田玉成品的价值起着决定性的作用。

工艺主要包括题材设计和加工工艺评价两个方面。

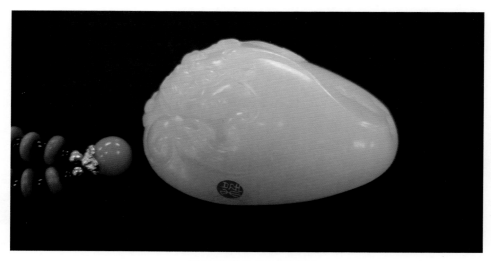

经过雕琢的和田玉吊坠

◉ 题材设计

题材设计主要考察主题是否突出，主次是否分明，安排是否得体，造型是否美观，材质颜色是否取舍得当，构图是否完整，等等。题材设计是一个时代审美理想、艺术趣味和工艺水平的体现，它不仅可见出玉雕师的才能与智慧，而且可以看到他们为之付出的辛勤劳动。好的题材设计经过雕琢后玉石的各部位比例恰当合理，均衡周正，细部安排自然协调。纹饰搭配得体，烘托玉石质色美感。

经过雕琢的和田玉吊坠

◉ 加工工艺

加工工艺主要考察雕琢是否准确、细致，轮廓是否清晰，层次是否分明，线条是否流畅，细部特征处理是否得当；抛光是否到位、光亮、平滑、均匀，亮度均匀一致，无划痕褶皱等。加工工艺越是精细，所下功夫也越深，越费时费力，价值自然也越高。

产状

　　和田玉因为其特有的玉石文化，大家对于子料过于追求，认为和田玉只有子料才是最好的。因此一般来说在市场上，在质地、颜色、质量等条件都相似的情况下，不同产状的和田玉其价格却不尽相同，一般情况下子料的价格最高，山流水料次之，山料最低。

　　因为原料的形状在加工成品时会有一定的限制，不同形状的原料，会影响其利用率，所以对和田玉的价格会产生一些影响。一般来说，块度大，形状规则的原料就比较好，而片状、长条形就不太好。

不同形状的和田玉原料

新疆和田玉

青海和田玉

俄罗斯和田玉

韩国和田玉

产地

　　每个产地出产的和田玉品质也是有很大差异的，有好有差。新疆出产的和田玉不见得都是好品质的玉石，青海、俄罗斯出产的玉石也有品质好的玉石，因此即使同一产地的和田玉价格也是有高有低。但是在玉石原料市场上，在质地、颜色、质量等条件都相似的情况下，不同产地的和田玉，其价格的高低有明显的差别：新疆料＞俄罗斯料＞青海料＞韩料。

其他因素

其他影响和田玉品质分级的因素还包括：历史价值、市场需求、个人喜好，等等。

历史价值、市场需求、个人喜好等这些因素或多或少都会影响着玉石的价格。综观中国古代玉器的流变过程及其各时代所取得的成就，我们可以看到，中国制玉历史悠久，用途广泛，风格独特，具有鲜明的民族特点，在世界玉器工艺领域中独树一帜，充分表现出中国古代劳动人民的聪明智慧和创造才能。随着经济的发展和人民生活水平的提高，也随着玉石从收藏品走到可以用于佩戴的首饰，从高端到大众化，随着玉石作为装饰品的发展，人们对玉石的需求达到一个空前的盛世。在购买玉石首饰时不同的人会根据自己的需要做出不同的选择，不同的人，眼光不同，审美观是有差异的。

不同于单晶宝石的切割，玉石需要经过玉雕师的精心设计及雕琢，每件和田玉作品都有其特点，带有更浓的个人色彩，因此和田玉的品质分级及质量评价，不仅需要理论的指导，也更需要实践经验。

精品欣赏——大师作品

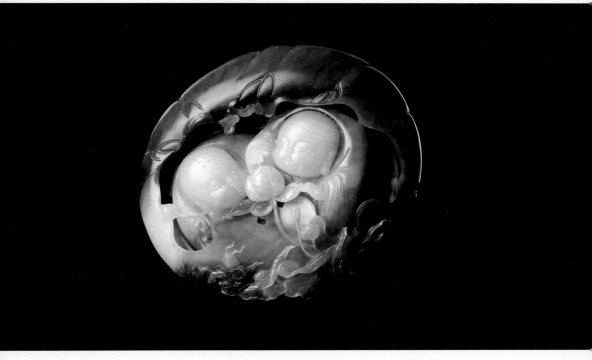

花好月圆

尺寸：11.2 厘米 × 12.4 厘米 × 3.7 厘米

作者：袁嘉骐（中国工艺美术大师、国家一级美术师）

　　　皇甫映（中国玉石雕刻大师、高级工艺美术师）

作品简介：

　　可以利用两句诗来形容作品的意境：

　　游鱼流水天然趣，花开月朗自在缘。

残阳如血

尺寸：45.7 厘米 ×12 厘米 ×7 厘米

作者：袁嘉骐（中国工艺美术大师、国家一级美术师）

　　　皇甫映（中国玉石雕刻大师、高级工艺美术师）

作品简介：

　　　作品根据毛主席长征时写的《忆秦娥·娄山关》而创作。娄山关之战关系到红军的生死存亡，这场铁血激战的胜利意义重大，所以毛主席无比激动，挥笔写下这首不朽诗篇。诗中那史诗般慷慨高亢，雄沉壮阔之气，当下依然让我们感动。

作品采用全景式的构图并利用戈壁玉中天然色彩俏雕出"残阳"与"战旗"，那是一片战火中绚灿至极的残阳，那是血染倚天红的战旗。在战火烧成焦土的火焰中，重点塑造出红军战士无坚不摧，浴血奋战，视死如归的浩然壮歌，他们是震天撼地的英雄，他们是永垂不朽的历史丰碑。

　　玉是最好的艺术载体，用玉来记录历史是可以传承千万年的。希望千万年后，通过这件玉雕作品来考证这段"残阳如血"的历史。

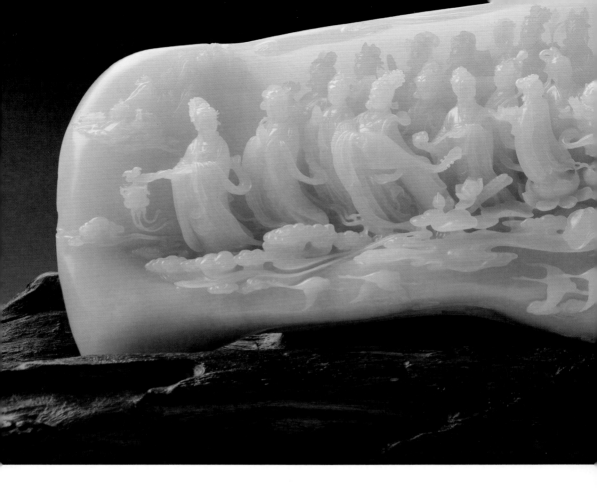

大爱如天歌

尺寸：61.5 厘米 ×16.2 厘米 ×22.5 厘米

作者：袁嘉骐（中国工艺美术大师、国家一级美术师）

　　　皇甫映（中国玉石雕刻大师、高级工艺美术师）

作品简介：

　　作品以中国流传久远而深厚的观音文化为背景，创造出了一个史诗般宏大唯

美的观音出行仙境，表达了观世音慈悲为怀的博大精神。众仙人物静穆庄严、飘逸生动，展现出大美无极、大爱无疆的精神内涵，正可谓："神游四方皆自在，甘露普洒慈源长。大爱如天千秋颂，佛光护佑万万年。"大有德化古今，大觉有情的境界。

该作品在 2011 年获得第十二届中国工艺美术"百花杯"金奖。

月满醉秋山

尺寸：29 厘米 × 11 厘米 × 7.7 厘米

作者：袁嘉骐（中国工艺美术大师、国家一级美术师）

皇甫映（中国玉石雕刻大师、高级工艺美术师）

作品简介：

该作品玉质白润，型如连绵山脉。正面雕刻出农忙的月夜，村民将稻子运进村子的景象，孩童们欢蹦乱跳地在前方提灯引路，不时回望着村口，大树下欢歌笑语的长辈们，他们肩扛手提，压弯车担的不是稻子而是满满的幸福。背面则是米粮满仓，熄灯夜寝的村落，那丰收的喜悦，跃然眼前。

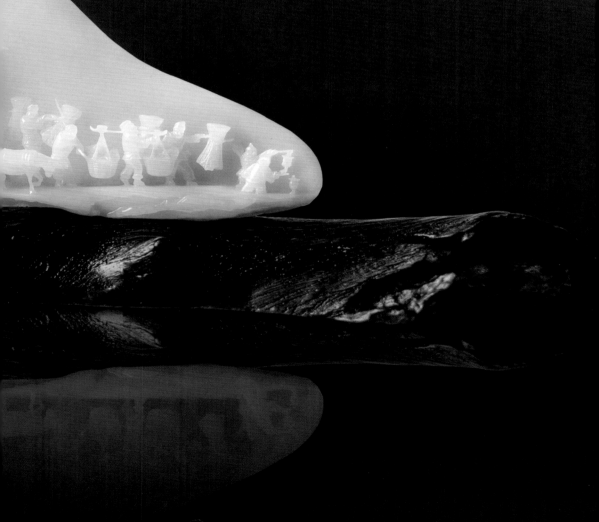

佛光普照

尺寸：60 厘米 ×35 厘米 ×22.8 厘米

作者：袁嘉骐（中国工艺美术大师、国家一级美术师）
　　　皇甫映（中国玉石雕刻大师、高级工艺美术师）

作品简介：

　　在一块巨型璞玉上，中间雕琢出一尊释迦牟尼佛坐像，其技艺之精湛自不待言，奇的是：琢玉者在无从探测的情况下，竟在佛祖像周围，不偏不倚，自然而然地琢磨出一轮正圆形的红色光环，如佛光普照，似火焰升腾，呈万道光芒之状，将佛经所描述的极乐世界衍化为人间的现实图景。

　　整件作品在红色光环的辉映下，真可谓佛光普照，异彩纷呈，天上人间，气象万千。这种神秘莫测的境界、雄奇壮观的场景、恢宏博大的气势在玉雕中何曾见过！称之为石破天惊、旷古绝伦的世纪之奇宝，绝不过分。

玉骨卧佛

尺寸：28 厘米 ×9.5 厘米 ×3.3 厘米

作者：苏然（中国玉石雕刻大师）

作品简介：

　　释迦牟尼佛有感于大限时，呈吉祥卧对诸弟子作最后的教诫，授诸行无常、诸法无我、涅槃寂静的三法印，以及正见、正思维、正语、正业、正命、正精进、

正念、正定的八圣道，而后平静入灭。

　　苏然大师将佛教精髓高度浓缩，选用精美和田玉雕琢出呈吉祥卧的佛祖形象，凝固那一神圣场景，意在以庄严的法度和崇高的美感，传达大善大德，将传统玉雕艺术与佛教文化完美结合。整件作品人物刻画细致入微，构图比例协调合理，引导积极向善，祈祷国泰民安。

附录　辨假工具介绍

在鉴别和田玉与其相似玉石及仿制品时，经常会用的仪器设备有：

常规仪器：10 倍放大镜、宝石显微镜、折射仪、手持分光镜、紫外荧光灯、光纤灯（带荧光灯的手电筒）、小刀（有必要的话）。

大型仪器：红外光谱仪、X 射线荧光光谱仪、拉曼光谱仪等。

☼ 可放大观察的仪器

宝石显微镜

对于宝石鉴定来说，利用光学放大是至关重要的。在很多情况下，仔细观察宝石的外部和内部特征可提供大量的有意义的信息。

宝石显微镜的最主要用途是利用不同的照射方法及光源放大观察宝石的内外部特征。

可以利用宝石显微镜观察样品的结构、颜色分布、杂质矿物

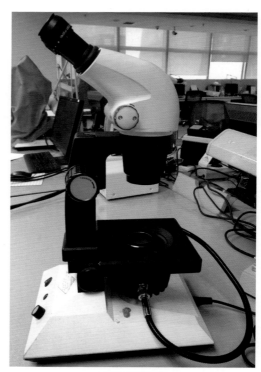

宝石显微镜

底光透射样品，观察样品的内部特征

等特征来进行鉴别和田玉与其他相似玉石、仿制品；也可以利用宝石显微镜放大观察和田玉是否经过优化处理，比如染色、充填等处理。经过染色处理的和田玉在显微镜下可见到染料富集在玉石的裂隙和凹坑中；经过充填处理的和田玉在镜下可观察到气泡和充填物等。

10 倍手持放大镜

放大镜是最常用、最简便的宝石鉴定工具，与宝石显微镜基本功能一致，可以放大观察宝玉石的内外部特征，但放大倍数只有10倍，视域较小。可以随身携带，方便外出使用。

能长时间清晰观看而不易感到疲劳的最短观察距离称为明视距离。正常眼睛的明视距离约为25cm。放大镜的放大倍数与明视距离和放大镜的焦距有关，即：

放大倍数 = 清晰影像的最小距离（明视距离）/ 放大镜的焦距，放大镜的放大倍数经常用"X"来表示，如10倍(10X)。

10 倍手持放大镜

❂ 可读数的常规仪器

1. 宝石折射仪

不同品种的珠宝玉石，折射率都不一样，因此可以利用折射仪测试玉石的折射率，通过测到的折射率来区分各种玉石品种。

宝石折射仪及接触液（折射油）

宝石折射仪的样品台

工作原理

宝石折射仪主要由高折射率棱镜、棱镜反射镜、透镜和标尺及偏光片等组成，其工作原理是建立在全内反射的基础上。该仪器是测量宝石的临界角，并将读数直接转换成折射率值。利用宝石折射仪可以无损、快速、准确地测出待测宝石的折射率值、双折射率值、光性特征等性质，为宝石的鉴定提供关键性证据。

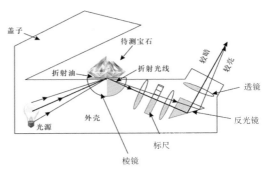

折射仪的工作原理图

操作要领

（1）接通电源、打开仪器；

（2）用酒精清洗宝石和棱镜；

（3）在折射仪棱镜上点一滴折射油（直径约 2mm 为宜），使用钠光照明，可见折射油的阴影边界；

（4）宝石最大的台面放在棱镜上，浸油使宝石和棱镜之间形成良好的光学接触；

（5）眼睛靠近目镜可观察阴影区和明亮区并读数，读数保留小数点第三位；

（6）按顺序转动宝石 360°，并进行观察和读数；

（7）测试完毕，将宝石轻推至金属台上，取下宝石；

（8）清洗宝石和棱镜。

结果分析

（1）待测宝石在折射仪上转动 360°时始终只有一条阴影边界（固定不变），

折射仪及读数上的阴影边界

说明该宝石为单折射宝石。如上图。

（2）待测宝石在折射仪上转动 360°时，出现两条阴影边界，一条阴影边界固定不变，另一条发生移动，说明该宝石为一轴晶宝石。

（3）待测宝石在折射仪上转动 360°时，两条阴影边界都移动，说明该宝石为二轴晶宝石。

（4）点测法（远视法）：主要适用于弧面形和刻面较小的单晶宝石或矿物集合体的玉石。点测法方法如下。

a. 清洗棱镜和宝石；

b. 在金属台上点一小滴尽量少的接触油；

c. 手持宝石，用弧面或小刻面接触金属台上的接触油；

d. 将沾有油滴的宝石轻置于棱镜中央；

e. 眼睛距目镜 25 ~ 45cm，平行目镜前后移动头部；

f. 移动头部，用下列两种点测法来读取宝石的折射率。50 / 50 法。观察油滴半明半暗交界处，读数并记录，读数保留小数点后两位。所测数值为最精确的点测法读数，通常可用于表面抛光良好的宝石。读数可精确到小数点后第二位。

均值法。观察液滴的亮度在标尺的某一区间逐渐变化。取最后一个全暗影像与第一个全亮影像的读数的平均值为所测折射率。通常用于抛光不好或稍有凹凸不平的测试表面或接触油过多的情况。所测数值为精确度最差的点测法读数。读数到小数点后两位。

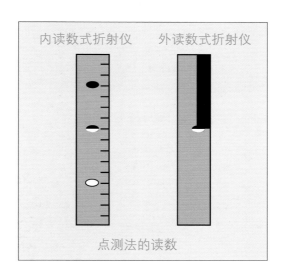

主要用途

（1）鉴定宝石，可测定折射率在 1.35 ～ 1.81 宝石的折射率值。

（2）可测定宝石的双折射率（DR）。

（3）确定宝石的轴性，如一轴晶、二轴晶和各向同性（等轴晶系、非晶质）。

（4）确定宝石的光性符号，如各向异性宝石的正光性和负光性。

局限性

（1）所测宝石一定要有抛光面。

（2）宝石的折射率小于 1.35 或者大于 1.81 的都无法读数。

（3）不能区分某些人工处理宝石，如天然蓝宝石与热处理蓝宝石。

（4）不能区分某些合成宝石，如天然红宝石与合成红宝石。

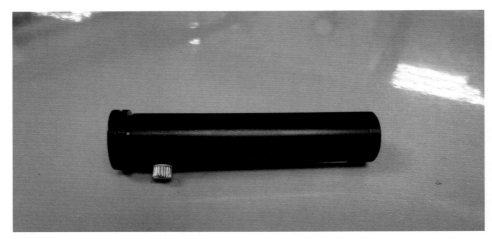

分光镜

2. 分光镜

宝石的颜色是宝石对不同波长的可见光选择性吸收造成的。未被吸收的光混合形成宝石的体色。宝石中的致色元素常有特定的吸收光谱。通过观察宝石的吸收光谱，可以帮助鉴定宝石品种，推断宝石的致色原因，研究宝石颜色的组成。

分光镜的用途十分广泛，可以用来判断宝石的致色元素，鉴定具特征光谱的宝石品种，以及鉴定合成、优化处理宝石和仿制品等。

由于分光镜体积小，便于携带，且特征光谱具有明确的鉴定特征，因此分光镜是一种十分重要的鉴定仪器。在使用时，常配合各种照明方式对宝石进行观察。

透射光法

适用于半透明到透明、颗粒较大的宝石，可保证足够的光能透过宝石进入分光镜。利用此法要注意：

(1) 保证足够的光量透过宝石。

(2) 保证进入分光镜的光都来自宝石，从而得到清晰的光谱。

内反射光法

适用于颜色较浅、宝石颗粒较小的透明宝石。宝石台面向下置于黑色背景上，调节入射光方向与分光镜的夹角，增加光线在宝石中的光程，使尽可能多的白光经过宝石的内部反射后进入分光镜。

表面反射光法

适用于透明度不好的宝石。调节入射光方向与分光镜的夹角，使尽可能多的白光经宝石表面反射后进入分光镜。

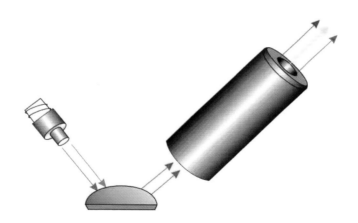

利用表面反射法观察宝石的吸收光谱

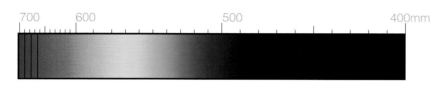

绿色翡翠的特征吸收光谱

分光镜的使用很大程度上基于实践经验和宝石学知识，尤其是对宝石特征光谱的认识，只有熟记了宝石的特征光谱和过渡元素的特征谱线，才能有效地利用分光镜。

　　在区分和田玉与翡翠时，可以利用分光镜来鉴别，因为和田玉在分光镜下没有特征吸收光谱，翡翠在蓝区有一条明显的黑线（翡翠中 Fe 元素的特征吸收线）。而且绿色翡翠在红区还有三条细细的黑线。

☼ 看荧光反应的仪器

1. 紫外荧光灯

紫外荧光灯

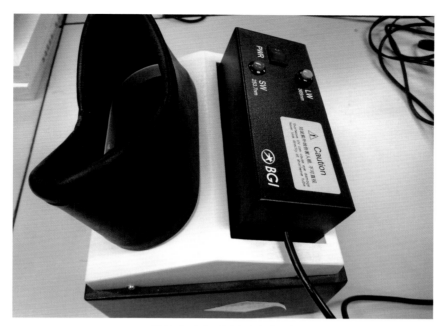

紫外荧光灯的长波与短波

紫外荧光灯是一种重要的辅助性鉴定仪器，主要用来观察宝石的发光性（荧光）。将待测宝石置于紫外灯下，打开光源，选择长波（LW）或短波（SW），观察宝石的发光性。观察时除了注意荧光的强弱外，还须注意荧光的颜色和荧光的发出部位。荧光的强弱常分为无、弱、中、强四个等级。

紫外荧光灯的用途

（1）帮助判断宝玉石是否经过人工优化处理

有些经过优化处理的宝石和一些有机染料在紫外荧光灯照射下会产生强弱不等、不同颜色的荧光。如一些经过染色、充填的 B 货翡翠会有荧光，一些染色的和田玉也会有荧光。

主要利用它来观察经过染色、充填处理的和田玉中染料、充填物的荧光以及拼合和田玉中黏结物的荧光，从而判断和田玉是不是经过优化处理。

（2）可以帮助鉴定宝石品种

某些宝石品种在颜色外观上较为接近，如红宝石与石榴石、某些祖母绿与绿玻璃、蓝宝石与蓝锥矿，但它们之间荧光特性有明显差异，因此可借助荧光检测将它们区分开。

（3）帮助判别某些天然宝石和合成宝石

如焰熔法合成蓝色蓝宝石呈浅蓝白或绿色荧光，而绝大多数天然蓝色蓝宝石却呈惰性。

（4）帮助鉴定钻石及其仿制品

钻石的荧光强度变化非常大，可以从无到强，也可呈现各种各样的颜色，而且一般长波的荧光比短波强。有强蓝色荧光的钻石通常具有黄色磷光。常见的钻石仿制品一般短波的荧光比长波强。因此，紫外灯对于鉴定群镶钻石十分有用，因为若都为钻石，其荧光发光强度和颜色不会均匀，而合成立方氧化锆等人工宝石，其荧光强度则较为一致。

2. 带荧光的手电筒

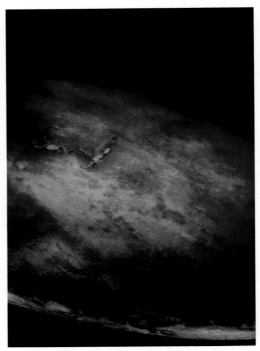

和田玉表面的有机染料的荧光反应

带荧光的手电筒，可以观察玉石表面充填物的荧光反应

☀ 照明设备

1. 光纤灯

反射光，观察玉石表面的特征，透射光，观察玉石的内部特征。

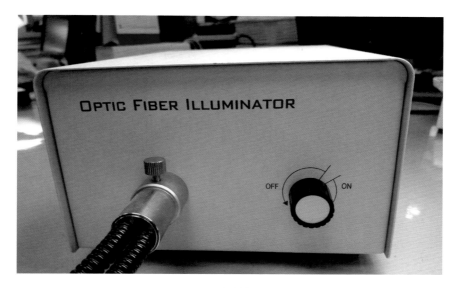

光纤灯

2. 手电筒

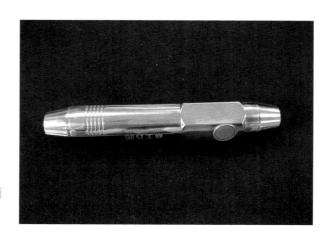

带有不同光源的手电筒

☀ 其他辅助工具

小刀

小刀的硬度一般为 5.5，在其他常规仪器如宝石显微镜无法观察到玉石的结构特征，没有办法得出结论的情况下，可以利用小刀轻轻刻划玉石边缘部分，可以区分与和田玉相似的碳酸盐质玉，因为碳酸盐质玉的硬度一般只有 3，远低于小刀。和田玉的硬度一般高于小刀。

各种小刀，可以适用于简单的硬度测试

☀ 大型仪器

红外光谱仪

红外光谱仪的测试方法及其用途

常用于鉴定宝石红外吸收光谱的测试方法可分为两类，即透射法和反射法。

红外光谱仪

透射法的主要用途

在宝石检测中，主要利用透射法来鉴别宝玉石是否经过人工充填处理。利用透射法可以判断有一定透明度的宝玉石样品是否经过一些优化处理，尤其是经过人工树脂充填的宝玉石，如经过漂白、充填的翡翠，充填石英岩等。

反射法的主要用途

反射法主要用于相似宝石种类的鉴别。利用红外光谱可以快速、无损地鉴定出和田玉及与其相似玉石、仿制品。

X 射线荧光光谱仪

X 射线荧光光谱仪适用于各种宝石的无损测试，主要用来分析各宝石的化学成分，相对于其他同样分析化学成分的仪器来说，它的分析速度很快而且是无损的。

鉴定宝石种属

自然界中，每种宝石具有其特定的化学成分，采用 X 射线荧光光谱仪可分析出所测宝石的化学元素和含量（定性－半定量），从而达到鉴定宝石种属的目的。

区分某些合成和天然宝石

由于部分合成宝石生长的物化条件、生长环境、致色或杂质元素与天然宝石之间存在一定的差异，据此可作为鉴定依据。

鉴别某些人工处理宝石

采用 X 射线荧光光谱仪有助于快速定性区分某些人工处理宝石。

对于经过染色的和田玉，有些染料带有一些特殊的金属元素，这些金属元素在和田玉中是不可能存在的，通过分析这些金属元素，可以鉴别和田玉是否经过

X 射线荧光光谱仪

染色处理。

拉曼光谱仪

拉曼光谱仪主要有以下用途：

相似宝玉石品种的鉴定

拉曼光谱仪可以用来鉴别和田玉及与其相似的玉石及仿制品。

人工处理宝石的鉴定

对于经过染色处理、充填处理的和田玉，可以利用拉曼光谱仪来测试染料、充填物的成分，从而鉴别其是否经过优化处理。

宝石中包体的成分及成因类型

宝石中包体的成分和性质对其成因、品种及产地的鉴别具有重要的意义。

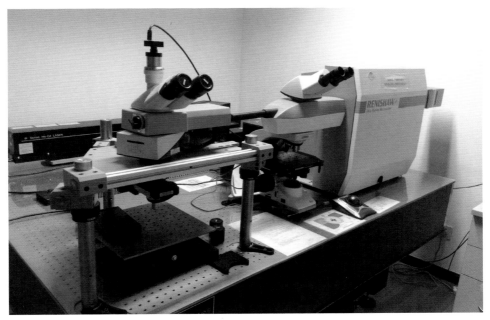

拉曼光谱仪

参考文献

[1]　Leaming S.F. Jade in British Columbia and Yukon Territory[J]. Geological Survey of Canada （Special Volume）,1984, 29: 270-273.

[2]　蒋壬华.和田玉 [J].上海地质, 1998, 2:49-58.

[3]　唐延龄，陈葆章，蒋壬华.中国和田玉 [M].乌鲁木齐：人民出版社，1994.

[4]　张蓓莉.系统宝石学（第二版）[M].北京：地质出版社，2006.5.

[5]　张勇，路太进，冯晓燕.新疆和田玉分类新论 [J].中国宝石，2012，三四月刊，总第 83 期，224-227.

[6]　冯晓燕，张蓓莉.青海软玉的成分及结构特征 [J].宝石和宝石学杂志，2004，6（4）：7-9.

[7]　冯晓燕，路太进，张勇，沈美冬，周军.新出现的软玉相似玉石与仿制品的实验室鉴定 [C].珠宝与科技——中国珠宝首饰学术交流会论文集，2011：179-185.

[8]　冯晓燕，路太进，张勇，沈美冬，周军.看清这些相似的玉石 [J].中国宝石，2012，一二月合刊，226-229.

[9]　冯晓燕,沈美冬.NGTC实验室见闻——和田玉子料检测一二（上篇）[J].中国黄金珠宝，2015，第 6 期，No.227，12-13.

[10]　冯晓燕,沈美冬.NGTC实验室见闻——和田玉子料检测一二（下篇）[J].中国黄金珠宝，2015，第 7 期，No.228，12-13.

[11] 唐萌萌，张勇，买托乎提·阿不都瓦衣提，热依汉古丽·阿卜杜许库尔，冯晓燕．伤不起的和田玉——仿和田玉子料浮出水面 [J]. 中国宝石，2011：196-197

[12] 冯晓燕，张勇，路太进，张景军. 拼合软玉的鉴别 [J]. 中国宝石，2013，16 期，十一、十二月刊，186-187.

[13] 张勇，路太进，冯晓燕，陈华. 染色软玉的发光性特征研究 [C]. 珠宝与科技——中国珠宝首饰学术交流会论文集，2013：142-145.

[14] 路太进，邓平，张勇，冯晓燕，陈华，柯捷，杨似三. 中国新疆和田玉子料表面特征微细结构的发现和成因探讨 [C]. 珠宝与科技——中国珠宝首饰学术交流会论文集，2011：158-167.

[15] 张勇，路太进，冯晓燕. 解密和田玉色彩之谜 [J]. 中国宝石，2012，十一、十二月刊，第 6 期，总第 87 期，214-217.

[16] 陶正章. 台湾的软玉 [J]. 矿物岩石，1992，12（4）：21-27.

[17] 唐延龄，陈葆章，蒋壬华. 中国软玉 [M]. 乌鲁木齐：新疆人民出版社，1994.

[18] 韩冰，夏晓东. 一种软玉仿制品——含氟的硅碱钙石微晶化玻璃的初步研究 [J]. 岩石矿物学杂志，2011，第 30 卷，增刊，101-104.

[19] 范静媛，王春生，罗跃平. 软玉中碳酸盐的研究及命名探讨 [C]. 玉石学国际学术研讨会论文集，2011：131-136.

[20] 李平.软玉子料黑皮和褐皮的致色物测试[J].岩矿测试，
2009，第28卷，第2期，194-196.

[21] 申晓萍，李新岭，魏薇，李坤.仿和田玉子料的方法及鉴定特
征[J].超硬材料工程，2009，第21卷，第3期，58-61.

[22] 颜晓蓉，郭继春，李加贵，张加云.和田玉子料与磨光子料的
表面特征分析[J].中国西部科技，2011，第10卷，第36期，
总第269期，44-46.

[23] 买买提明·卡地尔，库扎提·吐松，买买提阿布拉·买提斯
地克.和田籽玉的色皮及其与土壤的关系[J].和田师范专科学
校学报（汉文综合版），2009，总第61期，第28卷第5期，
207-208.

[24] 李平，李凌丽.软玉子料的形状规律及其应用[J].岩矿测试，
2008，Vol.27,No.5，399-400.

[25] 李平，陆丁荣.软玉子料与染色山料的鉴别[J].超硬材料工程，
2008，第20卷第4期，58-62。

[26] 李平，钱俊峰.子料黄褐皮的成因研究[J]，科技通报，2011，
第27卷第1期，120-122.

[27] 周钊，杨明星，支颖雪，姜宏远.一种仿黑皮子料拼合石的鉴定
特征[J].宝石和宝石学杂志，2011，第13卷　第4期，39-42.

[28] 范春丽，程佑法，李建军，王岳，山广祺，丁秀云.一种新方
法处理软玉的鉴定特征[J].宝石和宝石学杂志，2010，第12
卷第2期，26-28.

[29] 邹天人，郭立鹤，李维华，段玉然 . 和田玉、玛纳斯碧玉和岫岩老玉的拉曼光谱研究 [J]. 岩石矿物学杂志，2002, 21(增刊)：41-49.

[30] 李雯雯，吴瑞华 . 和田玉的颜色及其色度学研究 [J]. 矿物岩石地球化学通报，1999, 18（4）：418-422.

[31] 王濮，潘兆橹，翁玲宝，等 . 系统矿物学（中册）[M]. 北京：地质出版社，1982：330-347.

[32] 刘劲鸿 . 福建马坑铁矿中角闪石的谱学特征及成因意义 [J]. 矿物岩石，1988, 8（1）： 18-27.

[33] 陈克樵，陈振宇 . 和田玉的物质组分和物理性质研究 [J]. 岩石矿物学杂志，2002, 21（增刊）：34-40.

[34] 廖任庆，朱勤文 . 中国各产地软玉的物质组分分析 [J]. 宝石和宝石学杂志，2005, 7（1）：25-30.

[35] 唐延龄，刘德权，周汝洪 . 新疆玛纳斯碧玉的成矿地质特征 [J]. 岩石矿物学特征，2002, 21（增刊）：22-25.

[36] 邹天人，陈克樵 . 和田玉、玛纳斯碧玉和岫岩老玉的产地特征 [J]. 岩石矿物学杂志，2002, 21（增刊）：41-49.

[37] 刘飞，余晓艳 . 中国软玉矿床类型及其矿物学特征 [J]. 矿产与地质，2009, 23（4）：375-380.

"辨假" 系列丛书

资深珠宝鉴定师
教您去伪存真

《绿松石辨假》
定价：78.00元

《彩色宝石辨假》
定价：88.00元

《琥珀辨假》
定价：88.00元

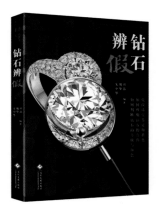

《钻石辨假》
定价：88.00元

《翡翠辨假》
定价：88.00元

《和田玉辨假》
定价：88.00元